U0616039

高等职业技术教育电子电工类专业"十三五"规划教材

模拟电子技术项目化教程

主　编　马艳阳　侯艳红

副主编　李周平　张生杰

主　审　李少纯

西安电子科技大学出版社

内容简介

　　本书是模拟电子技术及其相关专业的教学及技能训练用书，全书采用项目教学、任务驱动及案例教学的方式编写而成。全书共分六个操作项目，包括直流稳压电源的制作与调试、简易音频信号放大电路的制作与调试、多级负反馈放大电路的制作与调试、集成音频放大电路的制作与调试、低频功率放大电路的制作与调试、正弦波振荡器的制作与调试等教学内容，这些项目融入了模拟电子技术的基本知识、基本技能和基本分析方法，同时涵盖了国家相关职业技能标准的各项操作及技能要求。

　　本书可作为职业院校应用电子技术专业、电子信息工程专业、通信技术专业教学用书和国家电子技术职业技能认证的岗位培训教材，也可作为无线电制作爱好者自学用书。

图书在版编目(CIP)数据

模拟电子技术项目化教程/马艳阳，侯艳红主编.
一西安：西安电子科技大学出版社，2013.8(2019.12 重印)
高等职业技术教育电子电工类专业"十三五"规划教材
ISBN 978 - 7 - 5606 - 3127 - 1

Ⅰ. ① 模…　Ⅱ.①马…②侯…　Ⅲ.① 模拟电路—电子技术—高等职业教育—教材
Ⅳ.①TN710

中国版本图书馆 CIP 数据核字 (2013) 第 167060 号

策划编辑　胡华霖
责任编辑　阎　彬　张俊利
出版发行　西安电子科技大学出版社(西安市太白南路 2 号)
电　话　(029)88242885　88201467　　邮　编　710071
网　址　www. xduph. com　　　电子邮箱　xdupfxb001@163. com
经　销　新华书店
印刷单位　陕西天意印务有限责任公司
版　次　2013 年 8 月第 1 版　2019 年 12 月第 3 次印刷
开　本　787 毫米×1092 毫米　1/16　印张　12
字　数　278 千字
印　数　6001～8000 册
定　价　25.00 元

ISBN 978 - 7 - 5606 - 3127 - 1/TN

XDUP 3419001 - 3

前　　言

　　职业技能训练是培养技能型人才的重要途径之一,教材质量直接影响着技能型人才培养的质量。本书是根据国家职业技能鉴定标准和电子产品生产一线的岗位要求,结合职业教育的实际情况编写的。根据高等职业院校学生的学习规律,本书在结构安排和表达方式上,力求做到理论知识和技术训练相结合,内容讲解由浅到深,并通过大量电子产品生产中的案例带动知识技能的学习,让学生在做中学,学中做。

　　本书共分为六个项目,主要内容如下:

　　项目一　直流稳压电源的制作与调试;

　　项目二　简易音频信号放大电路的制作与调试;

　　项目三　多级负反馈放大电路的制作与调试;

　　项目四　集成音频放大电路的制作与调试;

　　项目五　低频功率放大电路的制作与调试;

　　项目六　正弦波振荡器的制作与调试。

　　"项目"是本书的结构单元和教学单元,每个项目通过"项目描述"来具体阐释任务,而每一个任务又包含相对独立的理论知识和技能训练。这样使学生在完成每个任务时,能通过针对性的知识学习来指导其完成相应的技能训练;同时又能通过技能训练过程中的实际感受和直观体会加深对理论知识的理解,以达到理论学习和技能实践的有机结合。

　　本书在使用过程中,教师用 48 学时讲解教材上的"知识链接",再配以 60 学时的"项目实施",即可较好地完成整个教学任务,教师也可根据实际需要进行调整。

　　本书由陕西国防工业职业技术学院马艳阳、侯艳红两位同志担任主编,李周平、张生杰两位同志担任副主编,兵器工业第 202 研究所教授级高级工程师李少纯同志担任本书主审。其中项目一、项目四由马艳阳同志编写,项目二、项目三由侯艳红同志编写,项目五、项目六由李周平同志编写,拓展知识由张生杰同志编写,全书由马艳阳、侯艳红两位同志负责统稿。在编写过程中,作者也参考了许多专家学者的著作、习题等资料,另外周永金老师、冯向莉老师对本书的编写还提出许多宝贵意见,在这里对所有帮助和支持本书出版的同事、领导表示由衷的感谢。

　　本书可供职业院校应用电子技术及相关专业使用,也可以作为职业资格培训教材。由于编者水平有限,不足之处在所难免,欢迎各位同仁和读者提出宝贵意见和建议,以便做更好的修改。

编　者

2013 年 3 月

目　　录

项目一　直流稳压电源的制作与调试 ·· （ 1 ）

　1.1　项目描述 ·· （ 1 ）

　　1.1.1　项目学习情境：1.5 V～30 V 可调直流稳压电源电路的制作与调试 ··· （ 2 ）

　　1.1.2　电路元器件参数及功能 ·· （ 2 ）

　1.2　知识链接 ·· （ 3 ）

　　1.2.1　半导体基础知识 ··· （ 4 ）

　　1.2.2　半导体二极管 ·· （ 8 ）

　　1.2.3　整流电路 ··· （ 13 ）

　　1.2.4　滤波电路 ··· （ 17 ）

　　1.2.5　稳压电路 ··· （ 20 ）

　　1.2.6　直流稳压电源的主要技术指标 ·· （ 23 ）

　1.3　项目实施 ·· （ 23 ）

　　1.3.1　常用仪器使用训练 ·· （ 23 ）

　　1.3.2　直流稳压电源测试训练 ·· （ 26 ）

　　1.3.3　项目操作指导 ·· （ 28 ）

　1.4　项目总结 ·· （ 29 ）

　　练习与提高 ··· （ 30 ）

项目二　简易音频信号放大电路的制作与调试 ·································· （ 34 ）

　2.1　项目描述 ·· （ 34 ）

　　2.1.1　项目学习情境：单管音频信号放大电路的制作与调试 ············· （ 34 ）

　　2.1.2　电路元器件参数及功能 ·· （ 35 ）

　2.2　知识链接 ·· （ 36 ）

　　2.2.1　放大电路的基本知识 ··· （ 36 ）

　　2.2.2　晶体三极管 ··· （ 38 ）

　　2.2.3　三极管放大电路及其分析 ·· （ 43 ）

　　2.2.4　三极管（三种组态）放大电路的比较 ··································· （ 54 ）

　　2.2.5　场效应管及其放大电路 ·· （ 55 ）

　2.3　项目实施 ·· （ 57 ）

　　2.3.1　共射极单管放大电路测试训练 ·· （ 57 ）

　　2.3.2　射极跟随器测试训练 ··· （ 60 ）

　　2.3.3　项目操作指导 ·· （ 62 ）

　2.4　项目总结 ·· （ 62 ）

练习与提高 ……………………………………………………………………………（62）

项目三 多级负反馈放大电路的制作与调试 ………………………………………（65）
  3.1 项目描述 ………………………………………………………………………（65）
    3.1.1 项目学习情境：录音机前置放大电路的制作与调试 ………………（65）
    3.1.2 电路元器件参数及功能 …………………………………………………（66）
  3.2 知识链接 ………………………………………………………………………（67）
    3.2.1 多级放大电路 ……………………………………………………………（67）
    3.2.2 负反馈放大电路 …………………………………………………………（70）
    3.2.3 差动放大电路 ……………………………………………………………（76）
  3.3 项目实施 ………………………………………………………………………（81）
    3.3.1 负反馈放大电路测试训练 ………………………………………………（81）
    3.3.2 差动放大电路测试训练 …………………………………………………（82）
    3.3.3 项目操作指导 ……………………………………………………………（84）
  3.4 项目总结 ………………………………………………………………………（88）
  练习与提高 …………………………………………………………………………（88）

项目四 集成音频放大电路的制作与调试 ………………………………………（91）
  4.1 项目描述 ………………………………………………………………………（91）
    4.1.1 项目学习情境：集成音频放大电路的制作与调试 …………………（91）
    4.1.2 电路元器件参数及功能 …………………………………………………（92）
  4.2 知识链接 ………………………………………………………………………（93）
    4.2.1 集成电路简介 ……………………………………………………………（93）
    4.2.2 集成运算放大器 …………………………………………………………（94）
    4.2.3 集成运算放大的线性应用 ………………………………………………（98）
    4.2.4 集成运算放大的非线性应用 …………………………………………（108）
  4.3 项目实施 ……………………………………………………………………（109）
    4.3.1 集成运算放大器线性应用电路测试训练 ……………………………（109）
    4.3.2 项目操作指导 …………………………………………………………（114）
  4.4 项目总结 ……………………………………………………………………（117）
  练习与提高 ………………………………………………………………………（118）

项目五 低频功率放大电路的制作与调试 ……………………………………（123）
  5.1 项目描述 ……………………………………………………………………（123）
    5.1.1 项目学习情境：TDA2030A 集成功率放大电路的制作与调试 ………（123）
    5.1.2 电路元器件参数及功能 ………………………………………………（124）
  5.2 知识链接 ……………………………………………………………………（125）
    5.2.1 功率放大电路的概述 …………………………………………………（125）
    5.2.2 基本功率放大电路介绍 ………………………………………………（127）

    5.2.3 集成功率放大电路简介 ···················· （132）

  5.3 项目实施 ·· （134）

    5.3.1 OTL 低频功率放大器测试训练 ·············· （134）

    5.3.2 项目操作指导 ································ （137）

  5.4 项目总结 ·· （141）

  练习与提高 ··· （141）

项目六 正弦波振荡器的制作与调试 ···························· （143）

  6.1 项目描述 ·· （143）

    6.1.1 项目学习情境：RC 文氏桥式振荡器的制作与调试 ········ （143）

    6.1.2 电路元器件参数及功能 ······················ （144）

  6.2 知识链接 ·· （145）

    6.2.1 正弦波振荡器简介 ·························· （145）

    6.2.2 RC 正弦波振荡器 ·························· （146）

    6.2.3 LC 正弦波振荡器 ·························· （149）

    6.2.4 三点式振荡器的一般形式 ···················· （153）

    6.2.5 石英晶体正弦波振荡器 ······················ （153）

  6.3 项目实施 ·· （156）

    6.3.1 RC 正弦波振荡器测试训练 ·················· （156）

    6.3.2 项目操作指导 ································ （157）

  6.4 项目总结 ·· （158）

  练习与提高 ··· （158）

拓展知识 1：常用电子元器件的识别 ···························· （161）

拓展知识 2：常用电子测量仪器的使用 ·························· （172）

参考文献 ··· （183）

项目一　直流稳压电源的制作与调试

【知识目标】

(1) 了解半导体基础知识；

(2) 掌握晶体二极管的结构、符号、特性及主要参数；

(3) 了解直流稳压电源的基本组成及其主要性能指标；

(4) 理解整流电路、滤波电路的组成及工作原理；

(5) 了解集成三端稳压电路的分类与应用。

【能力目标】

(1) 能识别普通二极管、发光二极管等典型晶体二极管；

(2) 能用万用表对晶体二极管进行检测；

(3) 能用万用表对电容元件进行检测；

(4) 能查阅集成稳压电路的相关资料并能正确选用；

(5) 能对直流稳压电源进行安装与测试；

(6) 初步掌握示波器、函数信号发生器、交流毫伏表等常用仪器的使用方法。

1.1　项目描述

电路工作时需要电源提供能量，电源是电路工作的动力。电源的种类很多，如干电池、蓄电池和太阳能电池等。但在日常生活中大多数电子设备的供电都来自电网提供的交流市电，不过这些电子设备的内部电路的很多模块真正需要的是几伏、十几伏或几十伏的稳压直流电，为了解决这个问题，电子设备内部通常设有电源电路，其任务就是将交流电压转换为稳定的直流电压，再提供给电子设备内部的各个部分使用。能够将交流电压转换为稳定直流电压的电子装置(或设备)称为直流稳压电源。

直流稳压电源的种类很多，本项目只涉及单相小功率(通常在 1000 W 以下)直流稳压电源，它的任务是将 200 V/50 Hz 的交流市电转换为幅值稳定的直流电压，这种电源一般主要由变压环节、整流环节、滤波环节和稳压环节四部分组成，其组成框图如图 1-1 所示。在框图的每一部分下方画出了信号经各环节处理过的波形，这些波形只是为了便于说明各部分的功能，在实际电路中有的波形可能与图中不同。

直流稳压电源各部分作用如下：

① 变压环节：利用工频变压器，将电网电压变换为所需要的交流电压，一般采用降压变压器来实现。

② 整流环节：利用二极管或晶闸管的单向导电性，把交流电变换为单一方向的脉动直流电，常采用二极管整流电路来实现。

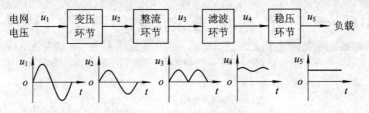

图 1-1　直流稳压电源组成框图

③ 滤波环节：将脉动直流电压中的脉动成分加以滤除，得到比较平滑的直流电压，常采用电容、电感或其组合电路来实现。

④ 稳压环节：在电网电压波动和负载变化时，保持直流输出电压的稳定，小功率稳压电源常采用集成三端稳压器来实现。

本项目的主要任务就是按照单相小功率直流稳压电源的基本组成，采用集成稳压方式制作一个可调直流稳压电源，并进行调试。

1.1.1　项目学习情境：1.5 V～30 V 可调直流稳压电源电路的制作与调试

图 1-2 所示为 1.5 V～30 V 可调直流稳压电源电路的原理图，该电路由变压环节、整流环节、滤波环节和稳压环节四部分组成。

本项目需要完成的主要任务是：

① 搭接、测试整流电路；

② 搭接、测试滤波电路；

③ 搭接、测试稳压电路；

④ 整机调试。

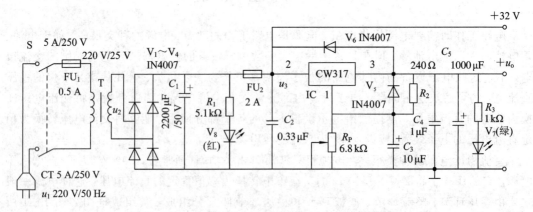

图 1-2　1.5 V～30 V 可调直流稳压电源电路原理图

1.1.2　电路元器件参数及功能

1.5 V～30 V 可调直流稳压电源电路元器件参数及功能如表 1-1 所示。

表 1-1　1.5 V~30 V 可调直流稳压电源电路元器件参数及功能表

序　号	元器件代号	名称	型号及参数	功能
1	CT	电源输入线	5 A/250 V	220 V 电源输入
2	S	电源开关	5 A/250 V	开关:控制输入电源通断
3	FU_1、FU_2	熔断器	0.5 A、2 A	起短路保护作用
4	T	变压器	220V/25V	变压:将 220 V/50 Hz 交流电变换为 25 V/50 Hz 交流电
5	$V_1 \sim V_4$	二极管	1N4007	整流:将 25 V/50 Hz 交流电变换为脉动直流电
6	C_1、C_2	电容器	CD11,50 V,2200 μF CC11,63 V,0.33 μF	滤波:滤去脉动直流电中的高频交流成分,减小输出电压的波动
7	IC	集成稳压器	CW317	稳压:将平滑的直流电压变换为稳定直流电压
8	——	散热器	配合其他元器件使用	散热:发散集成稳压器的耗损功率
9	R_2、R_P	输出电压调整电阻、电位器	RJ11,0.5 W,240 Ω WS,1 W,6.8 kΩ	调节:调整输出电压大小
10	C_3	电容器	CD11,50 V,10 μF	滤波:减小 IC 调整端电压的波动
11	C_4、C_5	电容器	CBB1,63 V,1 μF CD11,50 V,1000 μF	滤波:减小输出电压的波动
12	V_5、V_6	二极管	1N4007	保护:分别防止由于输出端电压高于输入端电压和调整端电压高于输出电压而导致 IC 内部电路损坏
13	R_1、V_8, R_3、V_7	显示电路中的电阻和发光二极管	RJ11,0.25 W,5.1 kΩ LED-Φ3-红 RJ11,0.25 W,1 kΩ LED-Φ3-绿	R_1、R_3 限流:限制流过 V_8、V_7 电流的大小;V_8、V_7 显示:将电流信号转变为光信号

1.2　知　识　链　接

要完成项目任务需要具备一定的理论基础知识,表 1-2 列出了项目一各项任务对应的相关知识点。变压器的相关知识在电路分析基础中已经学过,因此变压环节在这里不作太多的涉及,而整流环节的核心元件是半导体二极管,因此下面将从半导体基础知识开始展开直流稳压电源相关理论知识的学习。

表 1-2 项目一各项任务链接知识点

任务	知识点
搭接、测试整流电路	半导体基础知识、二极管及其整流电路
搭接、测试滤波电路	电容滤波电路
搭接、测试稳压电路	三端稳压器稳压电路
直流稳压电源整机调试	直流稳压电源的主要技术指标及无线电装调基本工艺基础

1.2.1 半导体基础知识

自然界的物质按导电性能来分，可分为导体、绝缘体和半导体，其中我们常见的铜、铁、铝等金属材料都是良好的导体，而陶瓷、水泥、橡胶等都是良好的绝缘体。半导体是导电能力介于导体与绝缘体之间的一类物质，常用的半导体材料有硅(Si)和锗(Ge)等。

一、半导体的内部结构

常用的半导体材料硅(Si)和锗(Ge)的原子及一般半导体结构示意图如图 1-3 所示，其原子最外层都只有 4 个价电子。纯净的半导体材料为了达到原子外层有 8 个价电子的稳定状态，原子与原子之间采用外层电子共享的方式构成共价键，形成按一定规则整齐排列的半导体晶体结构，其晶体结构示意图如图 1-4 所示。

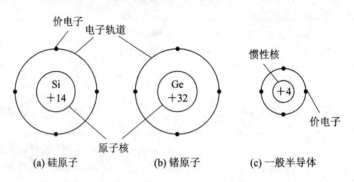

图 1-3 硅和锗原子及一般半导体结构示意图

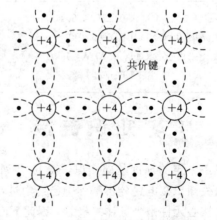

图 1-4 半导体晶体结构示意图

二、半导体的类型及其特征

半导体按掺杂与否可分为本征半导体和杂质半导体两类。

1. 本征半导体

纯净的不含任何杂质、晶体结构排列整齐的半导体称为本征半导体。本征半导体在不受外界激发以及在绝对零度（$T=0$ K）时不导电，但当受到阳光照射或温度升高时，将有少量价电子获得足够的能量，从而克服共价键的束缚而成为自由电子，并在原来共价键的位置上留下一个空位，称为空穴。

自由电子带负电，空穴带正电，自由电子和空穴像一对孪生姐妹一样相伴而生，被称为半导体内部的两种载流子，本征半导体会在这两种载流子的作用下导电。我们把这种产生电子-空穴对的过程称为本征激发，如图 1-5 所示。

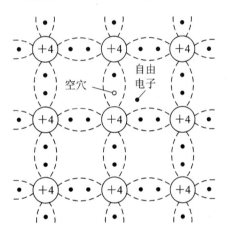

图 1-5　半导体本征激发示意图

虽然本征激发产生的载流子能够参与导电，但本征激发产生的电子-空穴对非常少，因此本征半导体的导电能力比较弱。另外，本征半导体内部虽然有载流子存在，但仍呈电中性。

2. 杂质半导体

在本征半导体中，有选择地掺入少量其他元素，会使其导电性能发生显著变化。这些少量元素统称为杂质，我们将掺入杂质的半导体称为杂质半导体。根据掺入杂质元素的不同，可将杂质半导体分为 N 型杂质半导体和 P 型杂质半导体两种。

1）N 型半导体

N 型半导体指在本征硅（或锗）中掺入少量的五价元素，如磷、砷、锑等。由于五价元素外层有 5 个价电子，它与四价元素形成共价键时，多出一个价电子，该价电子只受到本身原子核的束缚，很容易摆脱原子核的束缚而成为自由电子，因此 N 型半导体内部自由电子的数目大于空穴的数目。

在 N 型半导体内部，由于自由电子是多数载流子，我们将其称为多子，空穴是少数载流子，我们将其称为少子，其结构示意图如图 1-6 所示。

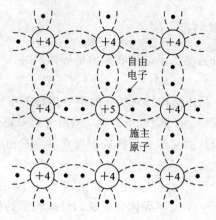

图1-6 N型半导体结构示意图

2）P 型半导体

P 型半导体指在本征硅（或锗）中掺入少量的三价元素，如硼、铝、铟等。三价元素外层有 3 个价电子，它与四价元素形成共价键时，少了一个价电子，因此 P 型半导体内部空穴的数目要大于自由电子的数目。在 P 型半导体内部，由于空穴是多数载流子，我们将其称为多子，自由电子是少数载流子，我们将其称为少子，其结构示意图如图1-7 所示。

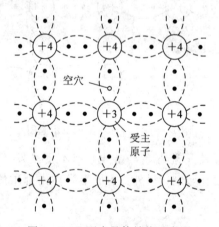

图1-7 P 型半导体结构示意图

在以上两种杂质半导体中，尽管掺入的杂质浓度很小，但通常由杂质原子提供的载流子数却远大于本征激发产生的载流子数，因此杂质半导体的导电能力比本征半导体要大得多。

三、PN 结

1. PN 结的形成

将一块 P 型半导体和一块 N 型半导体利用特殊工艺紧密的有机结合在一起时，因为 P 区一侧空穴多，N 区一侧自由电子多，所以在它们的交界面处存在空穴和自由电子的浓度差；于是 N 区中的自由电子会向 P 区扩散，并在 P 区与空穴复合，而 P 区中的空穴也会向 N 区扩散，并在 N 区被自由电子复合，即产生了多子的扩散；结果在交界面的两侧就形成了由等量正、负离子组成的空间电荷区，建立了内电场，内电场的方向是由 N 区指向 P 区。在内电场的作用下，促使 P 区的自由电子向 N 区漂移，N 区的空穴向 P 区漂移，同时，抑制 N 区的自由电子向 P 区扩散，P 区的空穴向 N 区扩散，即内电场有阻碍多子扩散、促进少子漂移的作用。最后，因浓度差而产生的扩散力被电场力所抵消，使扩散运动和漂移运动在某一时刻达到动态平衡，这时，虽然扩散运动和漂移运动仍在不断进行，但通过交界面处的空穴数目和自由电子数目相等，使空间电荷区的宽度稳定，即形成耗尽层，将其称为 PN 结。此时，PN 结的内电势 U_B 保持不变，对于硅材料来说约为 0.5 V～0.7 V，对于锗材料来说约为 0.1 V～0.3 V。PN 结的形成示意图如图 1-8 所示，其中图 1-8(a) 为 PN 结的形成过程，图 1-8(b) 为 PN 结的稳定过程。

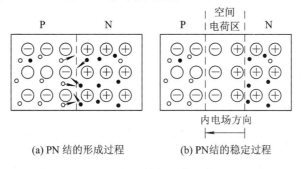

(a) PN 结的形成过程　　　(b) PN 结的稳定过程

图 1-8　PN 结的形成示意图

2. PN 结的特性

研究 PN 结的特性可以通过图 1-9 所示的两个测试电路分析得出。

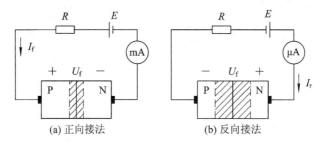

(a) 正向接法　　　(b) 反向接法

图 1-9　PN 结的特性测试电路

（1）PN 结加正向电压。

使 P 区电位高于 N 区电位的接法，称为 PN 结加正向电压或 PN 结处于正向偏置状态（简称正偏），如图 1-9(a) 所示。测试发现，施加正向电压，当电压很低时，正向电流很小，几乎为零。当正向电压超过一定数值后，电流增长得很快，这时我们认为 PN 结正向导通，这个一定数值的正向电压称为 PN 结的死区电压或开启电压，用 U_{on} 表示，其大小与材料及环境温度有关。通常，硅材料 PN 结的 U_{on} 约为 0.5 V，锗材料 PN 结的 U_{on} 约为 0.1 V。

（2）PN 结加反向电压。

使 P 区电位低于 N 区电位的接法，称为 PN 结加反向电压或 PN 结处于反向偏置状态（简称反偏），如图 1-9(b) 所示。测试发现，当施加反向电压时，形成很小的反向电流，这时我们认为 PN 结反向截止。反向电流有两个特点：一是它随温度的上升而增大；二是在反向电压不超过某一范围时，反向电流的大小基本恒定，与反向电压的高低无关，故通常称该电流为反向饱和电流。当外加反向电压过高时，反向电流急剧增大，这种现象称 PN 结被反向击穿，击穿时加在 PN 结上的反向电压称为反向击穿电压。当反向击穿电压较小时，若加在 PN 结两端的反向电压降低后，PN 结仍可恢复到原来的状态而不会造成永久损坏；但当反向击穿电压较大时，就可能永久损坏 PN 结。

结合两种测试电路所反映出的不同现象，我们总结出 PN 结加正向电压时，形成较大的正向电流；而加反向电压时，形成的反向电流很小。这种特性称为 PN 结的单向导电性。

1.2.2　半导体二极管

一、半导体二极管的结构

半导体二极管是由 PN 结加上电极引线和管壳构成的，其外形多种多样，几种常见的二极管如图 1-10 所示。二极管的结构通常有点接触型、面接触型及平面型等几种类型，不同类型二极管的结构示意图及二极管的图形符号如图 1-11 所示，其中图(a)为点接触型，图(b)为面接触型，图(c)为平面型，图(d)为二极管图形符号，图形符号中由 P 区接出的引线称为二极管的正极(或阳极)，由 N 区接出的引线称为二极管的负极(或阴极)。

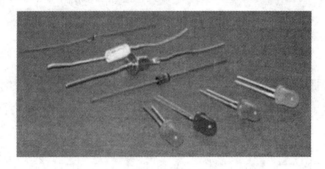

图 1-10　几种常见晶体二极管的外形

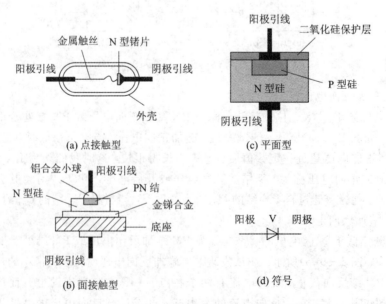

(a) 点接触型

(c) 平面型

(b) 面接触型

(d) 符号

图 1-11　不同类型二极管的结构示意图及图形符号

利用 PN 结的特性，可以制作多种不同功能的二极管，例如普通二极管、稳压二极管、变容二极管、光电二极管等，其中，普通二极管的应用最为广泛。

二、半导体二极管的特性

半导体二极管的核心是 PN 结，因此二极管的特性与 PN 结的特性基本一致，即具有单向导电性。用实验的方法，在二极管的阳极和阴极两端加上不同极性和不同数值的电压，同时测量流过二极管的电流值，就可得到二极管的伏安特性曲线，该曲线是非线性的。普通二极管的典型伏安特性曲线如图 1-12 所示。

正向曲线和反向曲线反映出来的特性如下：

（1）正向特性。

二极管加正向电压，若开始时正向电压很小，则正向电流也很小（几乎为零），只有正向电压超过某一数值时，才有明显的正向电流，这时称二极管正向导通。这一电压称为二极管的导通电压或死区电压，用 U_T 表示。在室温下，硅管的 U_T 约为 0.5 V，锗管的 U_T 约为 0.1 V。正

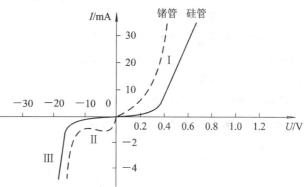

图 1-12　普通二极管的典型伏安特性曲线

向导通且电流不大时，硅管的正向压降约为 0.6 V～0.8 V，锗管的正向压降约为 0.1 V～0.3 V。两种管子的差别是由于硅材料 PN 结的死区电压比锗材料 PN 结的死区电压大。

（2）反向特性。

二极管加反向电压，由于表面漏电流的影响，二极管的反向电流要比理想 PN 结的反向电流大得多。当反向电压加大时，反向电流也略有增大，但当反向电压增大到一定程度时，反向电流不再增大，称此时的反向电流为反向饱和电流。对于小功率二极管，其反向电流仍很小，硅管一般小于 0.1 μA，锗管小于几十微安。当反向电压继续增大到一定值以后，反向电流会急剧增加，这种现象称二极管被反向击穿。反向击穿后有可能会造成 PN 结损坏(烧毁)，但只要反向击穿电压不超过一定值，PN 结就不会损坏，稳压二极管就是利用这一特性制作的。

三、半导体二极管的主要参数

器件的参数是定量描述器件性能质量和安全工作范围的重要数据，是合理选择和正确使用器件的依据。器件参数一般可以从产品手册中查到，也可以通过测量得到。下面介绍二极管的 3 个主要参数。

1. 最大整流电流 I_F

I_F 指二极管长时间工作时，允许通过的最大正向平均电流。实际应用时，流过二极管的平均电流不能超过此值，否则发热量过大会造成二极管损坏。

2. 最高反向工作电压 U_{RM}

U_{RM} 指为保证二极管不被反向击穿所允许施加在二极管上的最高反向电压。通常取其

击穿电压的 $1/3 \sim 1/2$ 作为最高反向工作电压 U_{RM}。

3. 反向电流 I_R

I_R 指在常温下,二极管两端加上规定的反向电压时出现的电流。其数值越小,表明二极管的单向导电性越好。

除了上述 3 个主要参数外,二极管还有一些其他的参数,如交流电阻 r_d、工作温度 t_i、最高工作频率 f_M 等,使用时可以查阅电子元器件手册。

四、其他类型的二极管

1. 稳压二极管

稳压二极管是利用 PN 结反向击穿后具有稳压特性而制作的二极管,稳压二极管的图形符号、伏安特性曲线和实物图片如图 1 - 13 所示。由图 1 - 13(b)可见,它的正、反向特性与普通二极管基本相同,区别仅在于击穿后的特性曲线比普通二极管变得更加陡峭,即电流在很大范围内变化时($I_{Zmin} < I < I_{Zmax}$),其两端电压几乎不变,因此,稳压二极管被反向击穿后可以实现稳定电压的作用。

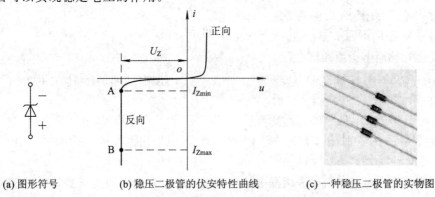

(a) 图形符号　　(b) 稳压二极管的伏安特性曲线　　(c) 一种稳压二极管的实物图

图 1 - 13　稳压二极管的图形符号、伏安特性曲线和实物图

在电路中正常使用稳压二极管时,应使其工作在反向击穿状态。稳压二极管反向击穿后,反向电流急剧增大,使得管耗相应增大。因此,在实际电路中必须对击穿后的电流加以限制,以保证稳压二极管的工作安全。

稳压二极管的主要参数有稳定电压 U_Z、额定功耗 P_Z、稳压电流 I_Z、动态电阻 r_Z、温度系数 α 等,使用时可查阅相关手册。

2. 变容二极管

给 PN 结加反向电压时,PN 结上会呈现出势垒电容,该电容值随着反向电压的增大而减小。利用这一特性制作的二极管称为变容二极管,变容二极管的图形符号和实物图片如图 1 - 14 所示。

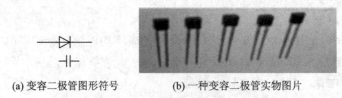

(a) 变容二极管图形符号　　(b) 一种变容二极管实物图片

图 1 - 14　变容二极管图形符号及实物图片

变容二极管的主要型号有 2AC、2CC、2EC 等系列,变容二极管在高频电子线路中应用较多,可用于自动调频、调相、调谐等。

3. 光电二极管

光电二极管是一种将光信号转换为电信号的半导体器件。目前广泛应用于自动探测、光电转换和控制等装置中,它的图形符号和实物图片如图 1-15 所示。

(a) 光电二极管图形符号　　　(b) 一种光电二极管实物图片

图 1-15　光电二极管图形符号及实物图片

光电二极管通常有 2CU、2AU、2DU 等系列。光电二极管的封装一般采用透明材料,有的管壳上备有一个玻璃口,以便接受光照。

光电二极管与稳压二极管一样,在反向电压下工作,若无光照射时,它呈现很大的反向电阻,因而通过它的电流很小,若受光照射时,光能被 PN 结吸收而产生反向电流,其反向电流随光照强度的增大而增大,从而将光信号转换为相应的电信号。

4. 发光二极管

发光二极管是一种将电能转换为光能的半导体器件。发光二极管和普通二极管一样,管芯是由 PN 结组成的,具有单向导电性,它的图形符号和实物图如图 1-16 所示。

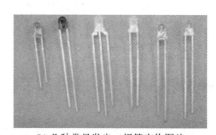

(a) 发光二极管图形符号　　　(b) 几种常见发光二极管实物图片

图 1-16　发光二极管图形符号及常见发光二极管实物图片

发光二极管正常工作时,应工作在正向导通状态。但是,由于发光二极管属于功率型器件,所以正向导通电压应至少在 1.3 V 以上。

常用的进口普通单色发光二极管有 SLR 系列和 SLC 系列等,常用的双色发光二极管有 2EF 系列和 TB 系列,常用的三色发光二极管有 2EF302、2EF312、2EF322 等型号。

五、二极管的命名

不同国家的二极管有不同的命名方法,表 1-3 给出了国产二极管的型号命名及含义。

表 1-3　国产二极管的型号命名及含义

第一部分：主称		第二部分：材料与极性		第三部分：类别		第四部分：序号	第五部分：规格号
数字	含义	字母	含义	字母	含义		
2	二极管	A	N 型锗材料	P	小信号管（普通管）	用数字表示同一类别产品序号	用字母表示产品规格
				W	电压调整管和电压基准管（稳压管）		
				L	整流堆管		
		B	P 型锗材料	N	阻尼管		
				Z	整流管		
				U	光电管		
		C	N 型硅材料	K	开关管		
				B 或 C	变容管		
				V	混频检波管		
		D	P 型硅材料	JD	激光管		

例如：

① 2AP9(N 型锗材料普通二极管)，其中

2——二极管　　　　　　A——N 型锗材料

P——普通型　　　　　　9——序号

② 2CW56(N 型硅材料稳压二极管)，其中

2——二极管　　　　　　C——N 型硅材料

W——稳压管　　　　　　56——序号

六、普通二极管的识别与检测

【外观识别】　一般情况下，二极管有标志环的一端为阴极。图 1-17(a) 为二极管的外观图。

【极性的判别】　用万用表来检测，如果是模拟式万用表，将万用表置于 $R \times 100$ 挡或 $R \times 1$ k 挡，两表笔分别接二极管的两个电极，测出一个结果后，对调两表笔，再测出一个结果。两次测量的结果中，有一次测量出的阻值较大（为反向电阻），一次测量出的阻值较小（为正向电阻）。在阻值较小的一次测量中，黑表笔接的是二极管的正极，红表笔接的是二极管的负极。测试示意图如图 1-17(b) 所示。

【性能好坏的判断】　通常，锗材料二极管的正向电阻值为 1 kΩ 左右，反向电阻值为 300 MΩ 左右；硅材料二极管的正向电阻值为 5 kΩ 左右，反向电阻值为 ∞（无穷大）。二极管的正向电阻越小越好，反向电阻越大越好。正、反向电阻值相差越悬殊，说明二极管的单向导电特性越好。

若测得二极管的正、反向电阻值均接近 0 或阻值较小，则说明该二极管内部已击穿短路或漏电损坏；若测得二极管的正、反向电阻值均为无穷大，则说明该二极管已开路损坏。

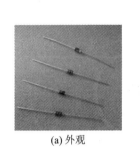

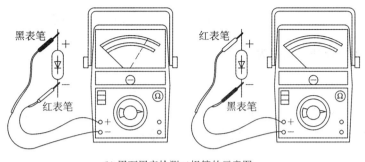

(a) 外观　　　　　　　　(b) 用万用表检测二极管的示意图

图 1-17　普通二极管的外观及检测示意图

1.2.3　整流电路

整流就是将交流电变换成单一方向的脉动直流电，完成这一任务的电路称为整流电路。整流电路按其所使用的电源可分为单相整流电路和三相整流电路。常见的单相整流电路有单相半波、全波、桥式和倍压整流电路等，其中单相桥式整流电路用的最为普遍，本项目使用的整流电路是利用二极管的单向导电性构成的单相桥式整流电路。下面介绍由二极管构成的几种常见的单相整流电路。

一、单相半波整流电路

单相半波整流电路的原理图如图 1-18(a)所示，它是最简单的整流电路，由变压器 T、整流二极管 V 及负载 R_L 组成。设二极管为理想二极管，在 u_2 正半周时，二极管 V 正偏导通，电流从 a 点经过 V 和负载电阻 R_L 至 b 点，构成回路，R_L 两端电压 $u_L = u_2$；在 u_2 负半周时，二极管 V 反偏截止，电路中无电流通过，R_L 两端电压 u_L 为零。可见，在交流电压 u_2 的一个周期内，负载 R_L 上得到一个单一方向的脉动直流电压，由于流过负载电阻的电流和加在负载两端的电压只有半个周期的正弦波，故这种整流电路称做半波整流电路，电路中输出电压波形如图 1-18(b)所示。

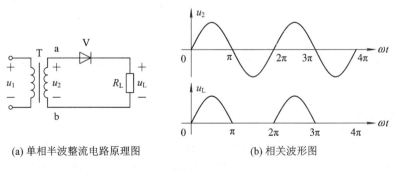

(a) 单相半波整流电路原理图　　　　　(b) 相关波形图

图 1-18　单相半波整流电路原理图及相关波形图

设 $u_2 = \sqrt{2} U_2 \sin\omega t$ V，经过二极管 V 整流后，加在负载电阻 R_L 上的电压和流过负载电阻 R_L 的电流是脉动的直流电。设 U_L 是输出电压的瞬时值在一个周期内的平均值，则单相半波整流的输出电压平均值为

$$U_L = \frac{1}{2\pi} \int_0^\pi \sqrt{2} U_2 \sin\omega t \, \mathrm{d}(\omega t) = \frac{\sqrt{2}}{\pi} U_2 = 0.45 U_2 \qquad (1-2)$$

整流电流的平均值为

$$I_L = \frac{U_L}{R_L} = 0.45 \frac{U_2}{R_L} \qquad (1-3)$$

整流输出电压的脉动系数定义为输出电压的基波最大值 U_{om} 与输出直流电压 U_o 之比，用字母 S 表示。半波整流电路的脉动系数 S 为

$$S = \frac{U_{om}}{U_o} = \frac{\dfrac{U_2}{\sqrt{2}}}{\dfrac{\sqrt{2}}{\pi} U_2} = \frac{\pi}{2} \approx 1.57 \qquad (1-3)$$

即半波整流的脉动系数为 157%，所以，脉动成分很大。

选用整流电路中所用的二极管，一般要根据流过二极管的电流平均值 I_V 和它在电路中所承受的最高反向峰值电压 U_{VM} 来确定，即

① 二极管的最大正向平均电流

$$I_F \geqslant I_V = I_L = \frac{U_L}{R_L} = 0.45 \frac{U_2}{R_L} \qquad (1-4)$$

② 二极管的最高反向峰值电压

$$U_{RM} \geqslant U_{VM} = \sqrt{2} U_2 \qquad (1-5)$$

半波整流电路的特点是电路简单、使用元器件少、整流效率低、输出脉动大。由于上述原因，半波整流电路只用在一些对输出电压要求不高，输出电流较小且对电压平滑程度要求不高的场合。

例 1.1 有一单相半波整流电路，如图 1-18(a)所示，已知负载电阻 $R_L = 750\ \Omega$，变压器副边电压 $U_2 = 20\ \mathrm{V}$，试求 U_L、I_L 及 U_{VM}，并选用二极管。

解： 由公式(1-1)得

$$U_L = 0.45 U_2 = 0.45 \times 20 = 9\ \mathrm{V}$$

$$I_L = \frac{U_L}{R_L} = \frac{9}{750} = 0.012\ \mathrm{A} = 12\ \mathrm{mA}$$

$$U_{VM} = \sqrt{2} U_2 = \sqrt{2} \times 20 = 28.2\ \mathrm{V}$$

经查手册，选用型号为 2AP4(16 mA，50 V)的二极管。为了使用安全，二极管的反向工作峰值电压要选得比 U_{RM} 大一倍左右。

二、桥式整流电路

单相半波整流电路的缺点是只利用了交流电源的半个周期，电源利用率很低，且整流电路的输出电压脉动较大。为了克服这些缺点，实际中常采用全波整流电路，其中最常用的是单相桥式整流电路。

单相桥式整流电路如图 1-19(a)所示，图 1-19(b)是桥式整流电路的另一种画法，图 1-19(c)是其简化画法。由变压器 T、四个整流二极管 $V_1 \sim V_4$ 及负载电阻 R_L 组成，变压器 T 把电网电压 u_1 变换成所需的交流电压 u_2，四个二极管 $V_1 \sim V_4$ 构成整流电路实现整流。

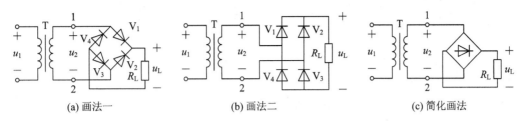

(a) 画法一　　　　　(b) 画法二　　　　　(c) 简化画法

图 1-19　单相桥式整流电路的几种常用画法

设 $u_2 = \sqrt{2}U_2\sin\omega t\,\mathrm{V}$。在 u_2 正半周时，1 端极性为正，2 端极性为负，二极管 V_1、V_3 正向导通，V_2、V_4 反向截止，电流 i_L 由 1 端经 $V_1 \to R_L \to V_3 \to 2$ 端，R_L 上得到上正下负的电压；在 u_2 负半周时，2 端极性为正，1 端极性为负，二极管 V_2、V_4 正向导通，V_1、V_3 反向截止，电流 i_L 由 2 端经 $V_2 \to R_L \to V_4 \to 1$ 端，R_L 上也得到上正下负的电压。这样在交流电压 u_2 的整个周期内，负载电阻 R_L 都有同方向的电流通过，负载两端都有同极性的电压输出，故称为全波整流，输出电压波形如图 1-20 所示。

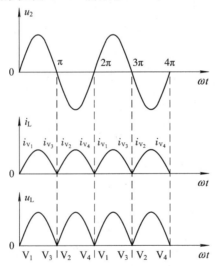

图1-20　单相桥式整流电路的相关波形

由图 1-20 可以看出，变压器次级电压 u_2 按正弦规律变化。经过整流后，负载电阻上的电压和流过负载的电流方向不变，但其大小仍作周期性变化，其电压的平均值为

$$U_L = \frac{1}{\pi}\int_0^\pi U_2\sin\omega t\,\mathrm{d}(\omega t)\,\mathrm{V} = \frac{2\sqrt{2}}{\pi}U_2 \approx 0.9U_2 \qquad (1-6)$$

电流的平均值为

$$I_L = \frac{U_L}{R_L} = \frac{0.9U_2}{R_L} \qquad (1-7)$$

脉动系数为 $S = 0.67$。

在桥式整流电路中，二极管 V_1、V_3 和 V_2、V_4 是两两轮流导通的，所以流经每只二极管的平均电流为

$$I_V = \frac{1}{2}I_L \qquad (1-8)$$

二极管在截止时，管子两端承受的最高反向电压就是变压器次级电压 u_2 的最大值，即

$$U_{VM} = \sqrt{2}U_2 \qquad (1-9)$$

二极管的选管原则：

① 二极管的平均电流

$$I_F \geqslant I_V = \frac{1}{2}I_L \qquad (1-10)$$

② 最高反向峰值电压

$$U_{RM} \geqslant U_{VM} = \sqrt{2}U_2 \qquad (1-11)$$

单相桥式整流电路与单相半波整流电路相比，整流效率高，变压器结构简单，整流器件数量较多，输出电压的脉动程度明显减少，因此这种电路得到了广泛应用。

例 1.2 在图 1-19(a)所示单相桥式整流电路中，若变压器次级电压有效值 $U_2 =$ 200 V，负载电阻 $R_L = 100\ \Omega$，求整流输出电压的平均值 U_L，整流输出电流平均值 I_L 以及每个整流元件的平均电流 I_V 和所承受的最大反向电压 U_{VM}。

解：在单相桥式整流电路中，整流输出电压的平均值

$$U_L = 0.9U_2 = 0.9 \times 200 = 180 \text{ V}$$

整流输出电流的平均值

$$I_L = \frac{U_L}{R_L} = \frac{180}{100} = 1.8 \text{ A}$$

流过每只整流二极管的平均电流

$$I_V = \frac{1}{2}I_L = 0.9 \text{ A}$$

每只二极管所承受的最大反向电压

$$U_D = \sqrt{2}U_2 = 200\sqrt{2} \text{ V}$$

三、全波整流电路

全波整流电路如图 1-21(a)所示，由两个二极管 V_1 和 V_2 组成，变压器次级线圈有三个抽头。在 u_2 的正半周，V_1 导通，V_2 截止，在负载上形成自上而下的电流，在 u_2 的负半周，V_2 导通，V_1 截止，负载上电流方向不变，u_L 的波形图如图 1-21(b)所示。

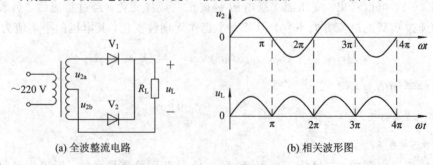

(a) 全波整流电路　　　　　　　　(b) 相关波形图

图 1-21　全波整流电路及相关波形图

电路参数计算公式如下：

直流输出电压

$$U_L = 0.9U_2 \qquad (1-12)$$

波动系数

$$S = 0.67 \qquad (1-13)$$

流过二极管的电流平均值

$$I_D = \frac{0.45 U_2}{R_L} \qquad (1-14)$$

每只二极管所承受的最大反向电压

$$U_D = 2\sqrt{2} U_2 \qquad (1-15)$$

1.2.4　滤波电路

经过整流电路后的输出电压是直流电压，但直流成分里含有较大的脉动成分，这样的直流电压不能保证仪器仪表的正常工作，因此需要降低其输出电压中的脉动成分，同时还要尽量保留其中的直流成分，从而使得输出的电压更加平滑，滤波电路可以实现这种功能。滤波电路一般由电容、电感、电阻等元件组成。常用的滤波电路有电容滤波电路、电感滤波电路、复式滤波电路等。

一、电容滤波电路

本项目采用的是电容滤波电路，将电容器与整流电路的负载并联就构成了电容滤波电路，如图 1-22 所示。

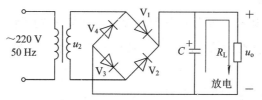

图 1-22　电容滤波电路原理图

1. 工作原理分析

电容滤波电路是根据电容器的端电压在电路状态改变时不能发生跃变的原理工作的，下面分析其滤波原理。

（1）未接入负载 R_L 时的情况。

设电容器两端初始电压为零，接入交流电源后，在 u_2 的正半周，u_2 通过 V_1、V_3 向电容器 C 充电；在 u_2 的负半周，u_2 通过 V_2、V_4 向电容器 C 充电，充电时间常数为 τ，$\tau = R_n C$，式中，R_n 包括变压器次级绕组的电阻和二极管 V 的正向电阻。由于 R_n 一般很小，因此电容器很快就充电达到交流电压 u_2 的最大值 $\sqrt{2} U_2$。由于未接入负载 R_L，电容器无放电回路，故输出电压 U_L（即电容器 C 两端的电压 U_C）保持为 $\sqrt{2} U_2$，输出为一个恒定的直流电压，如图 1-23 中 $t < 0$（即纵坐标左边）部分所示。

（2）接入负载 R_L 时的情况。

设变压器次级电压 u_2 在 $t = 0$ 时刻从 0 值开始上升（即正半周开始），这时接入负载 R_L，且电容器在负载未接入前已充电至 $\sqrt{2} U_2$，故刚接入负载时 $u_2 < u_C$，二极管 V_1、V_3 承受反向电压而截止，电容器 C 经 R_L 放电，随着放电时间的推移，电容电压两端电压下降，u_2 值

在增加。当 $u_2 > u_C$ 时,二极管导通,u_2 一方面经过整流电路给负载供电,另一方面对电容 C 充电,充电电压 u_C 随着正弦电压 u_2 增大而增大,而后 u_2 增大至最大值再下降,当 u_2 再一次小于 u_C 时,重复上述过程,这样周而复始,在输出端得到较为平滑的输出电压,输出电压波形如图 1-23 所示。

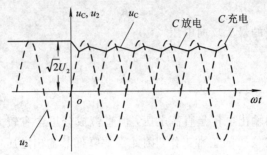

图 1-23 电容滤波电路工作波形

电容器放电过程的快慢程度取决于 R_L 与 C 的乘积,即放电时间常数 τ_d,τ_d 越大,放电过程越慢,输出电压越平稳。放电时间一般为

$$\tau_d = R_L C > (3 \sim 5)\frac{T}{2} \tag{1-16}$$

式中,T 为交流电源电压的周期。

2. 输出电压的计算

经电容滤波后,负载 R_L 上电压平均值的大小与负载 R_L 的阻值有关。当 R_L 为无穷大时(不接负载),电容充电到最大值 $\sqrt{2}U_2$ 后,无放电回路,故 u_L 的平均值 U_L 为 $\sqrt{2}U_2$,而无滤波电容时,u_L 的平均值 U_L 为 $0.45U_2$ 或 $0.9U_2$,由此可得:

半波整流电容滤波的输出电压为

$$U_L = (0.45 \sim \sqrt{2})U_2 \tag{1-17}$$

桥式整流电容滤波的输出电压为

$$U_L = (0.9 \sim \sqrt{2})U_2 \tag{1-18}$$

实际中,无论是哪种整流形式,经电容滤波后,输出电压平均值 U_L 均按下式计算,即

$$U_L = (1.0 \sim 1.4)U_2 \tag{1-19}$$

若 R_L 较小,则按 $U_L = 1.0U_2$ 计算;若 R_L 较大,则按 $U_L = 1.4U_2$ 计算,工程实际中,一般按下式计算

$$U_L = 1.2U_2 \tag{1-20}$$

3. 滤波电容的选择

为了获得较好的滤波效果,实际电路中可按 τ 的表达式选择滤波电容的容量,一般电容容量较大时,应选择电解电容,其耐压值应大于 $\sqrt{2}U_2$,接入电路时应注意电容极性。

4. 电容滤波电路特点

电容滤波电路结构简单,使用方便,但是当要求输出电压的脉动成分非常小时,则要求电容的容量非常大,这样不但不经济,甚至不可能。另外,当要求输出电流较大或输出电流变化较大时,电容滤波也不适用。此时,应考虑其他形式的滤波电路。

例 1.3 有一单相桥式整流电容滤波电路,如图 1-22 所示,已知交流电源频率 $f =$

50 Hz，负载电阻 $R_L = 200\ \Omega$，要求直流输出电压 $U_L = 30\ V$，选择整流二极管及滤波电容器。

解：（1）选择整流二极管。

流过二极管的电流为

$$I_D = \frac{1}{2} I_L = \frac{1}{2} \times \frac{U_L}{R_L} = \frac{1}{2} \times \frac{30}{200} = 0.075 = 75\ mA$$

取 $U_L = 1.2 U_2$，则变压器次级电压的有效值为

$$U_2 = \frac{U_L}{1.2} = \frac{30}{1.2} = 25\ V$$

二极管承受的最高反向峰值电压为

$$U_{VM} = \sqrt{2} U_2 = \sqrt{2} \times 25 = 35\ V$$

因此选用二极管 2CP11，其最大整流电流为 100 mA，反向工作峰值电压为 50 V。

（2）选择滤波电容器。

取

$$R_L \cdot C = 5 \times \frac{T}{2} = 5 \times \frac{1/50}{2} = 0.05\ s$$

已知 $R_L = 200\ \Omega$，

$$C = \frac{0.05}{R_L} = \frac{0.05}{200} = 250 \times 10^{-6} = 250\ \mu F$$

选用 $C = 250\ \mu F$，耐压值为 50 V 的电解电容器。

二、电感滤波电路

在整流电路与负载电阻之间串接一个电感器 L，就够成了电感滤波电路。电感器的电感量越大，滤除交流成分的效果越好。电感滤波电路原理如图 1 - 24 所示，由整流输出的电压波形可以看出整流输出电压是由直流分量和交流分量叠加而成，因电感线圈具有通直流阻交流的特性，故在整流电路后面串联电感器，则整流输出电压的直流分量能顺利通过，而交流分量大部分降落到电感线圈上，这样在负载电阻 R_L 上就得到比较平滑的直流电压，电感滤波电路的输出电压一般取 $U_L \approx 0.9 U_2$。

电感滤波电路的特点是带负载能力强，电感器的体积大、质量大、成本高。

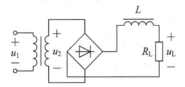

图 1 - 24　电感滤波电路原理图

三、复式滤波电路

电容器和电感器是基本的电路元件，利用它们对直流量和交流量呈现出不同电抗的特点，只要合理地接入电路就可以达到滤波的目的。将 R、L、C 元件组合起来可以构成各种复式滤波电路，以满足不同的需求，常见的复式滤波电路有 LC、LC π形、RC π形等，电路如图 1 - 25 所示。

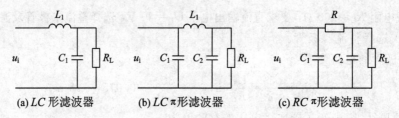

(a) LC 形滤波器　　　(b) $LC\pi$ 形滤波器　　　(c) $RC\pi$ 形滤波器

图 1-25　几种常用的复式滤波电路原理图

1.2.5　稳压电路

经整流和滤波后的电压往往会随交流电源电压的波动和负载的变化而变化。电压的不稳定有时会产生测量和计算的误差，从而引起控制装置工作不稳定，甚至使其无法正常工作。因此，需要一种稳压电路，使输出电压在电网波动或负载变化时基本稳定在某一数值上。

一、稳压二极管稳压电路

稳压二极管稳压电路原理图如图 1-26 所示，由稳压管 V_Z 和限流电阻 R 组成。稳压管在电路中应为反向连接，它与负载电阻 R_L 并联后，再与限流电阻串联，因此属于并联型稳压电路。下面简单分析该电路的工作原理。

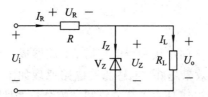

图 1-26　稳压二极管稳压电路原理图

1. 负载电阻 R_L 不变

当负载电阻不变，电网电压上升时，将使 U_i 增加，U_o 随之增加，由稳压管的伏安特性可知，稳压管的电流 I_Z 就会显著增加，结果使流过电阻 R 的压降增大，以抵偿 U_i 的增加，从而使负载电压 U_o 的数值基本保持不变。

同理，如果交流电源电压降低使 U_i 减小时，电压 U_o 也减小，因此稳压管的电流 I_Z 显著减小，结果使通过限流电阻 R 的电流 I_R 减小，I_R 的减小使 R 上的压降减小，结果使负载电压数值近似不变。

2. 电源电压不变

当电网电压保持不变，负载电阻 R_L 减小时，将使 I_L 增大，I_R 随之增大，R 上的压降升高，使得输出电压 U_o 将下降。由于稳压管并联在输出端，当稳压管两端的电压有所下降时，电流 I_Z 将急剧减小，而 $I_R = I_L + I_Z$，故使 I_R 基本维持不变，R 上的电压也就维持不变，从而得到输出电压基本维持不变。

当负载电阻增大时，稳压过程相反，读者可自行分析。

选择稳压管时，一般可取

$$\left.\begin{array}{l} U_Z = U \\ I_Z = (1.5 \sim 3) I_{OM} \\ U_i = (2 \sim 3) U_o \end{array}\right\} \qquad (1-21)$$

二、集成稳压电路

随着电子技术以及半导体工艺的飞速发展，可以将构成电路的所有元器件以及连接导线集中制作在一块很小的半导体硅片上，然后加以封装，只通过有限的引脚与外电路连接，构成具有特定功能的集成电路。目前常见的集成稳压电路是三端集成稳压电路（简称三端稳压器），三端稳压器有输入端、输出端和公共端（接地）三个接线端子，所需外接元件少，具有体积小、可靠性高、使用灵活、价格低廉等优点，所以应用较为广泛，三端稳压器按输出电压是否可调，可分为固定式和可调式两种。

1. 固定输出的三端稳压器

（1）固定正电压输出三端稳压器。

常用的三端固定正电压输出稳压器是78××系列，型号中的××两位数表示输出电压的稳定值，分别为5 V、6 V、9 V、12 V、15 V、18 V、24 V。例如，7812的输出电压为12 V，7805的输出电压为5 V。

按输出电流大小不同，78××系列又分为：CW78××系列，最大输出电流为1 A～1.5 A；CW78M××系列，最大输出电流为0.5 A；CW78L××系列，最大输出电流为100 mA左右。78××系列三端稳压器的外部引脚如图1-27(a)所示，1脚为输入端，2脚为输出端，3脚为公共端。注意：在使用78××系列稳压器时，输入端与输出端之间的电压不得低于3V。

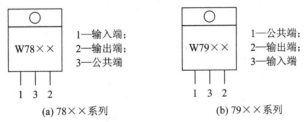

图1-27 固定输出的三端稳压器外形图

（2）固定负电压输出三端稳压器。

常用的三端固定负电压输出稳压器有79××系列，型号中的××两位数表示输出电压的稳定值，和78××系列相对应，分别为−5 V、−6 V、−9 V、−12 V、−15 V、−18 V、−24 V。

按输出电流不同，79××系列也可分为CW79××系列、CW79M××系列和CW79L××系列。79××系列的管脚图如图1-27(b)所示，1脚为公共端，2脚为输出端，3脚为输入端。

（3）固定输出的三端稳压器的典型应用电路。

三端稳压器的稳压系数约为0.005%～0.02%，纹波抑制比为56 dB～68 dB。固定输出的三端稳压器的接法如图1-28所示（7805和7905的管脚接法不同，请特别注意）。图1-28中C_1可以防止由于输入引线较长带来的电感效应所产生的自激，其取值范围在

$0.1\ \mu F \sim 1\ \mu F$ 之间(若接线不长时可不用)。C_2用来减小由于负载电流瞬时变化而引起的高频干扰,C_3为容量较大的电解电容,用来进一步减小输出脉动和低频干扰。

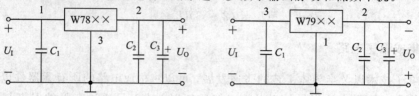

图 1-28 固定输出的三端稳压器典型应用电路

当需要正、负两组电源输出时,可使用78××系列和79××系列各一块,按图1-29接线,则可得到正负对称的两组电源。

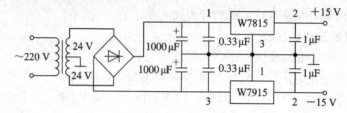

图 1-29 由三端稳压器构成的正负对称的两组电源

2. 可调输出的三端稳压器

前面介绍的78××、79××系列集成稳压器,都属于固定输出的稳压电路。实际应用中还需要输出电压可调的直流稳压电路,常见的可调输出三端稳压器有 CW117、CW217、CW317、CW337 和 CW337L 系列。如图 1-30(a)所示为正可调输出稳压器,图 1-30(b)为负可调输出稳压器。三端可调集成稳压器的输出电压为 $1.25\ V \sim 37\ V$,输出电流可达 $1.5\ A$。

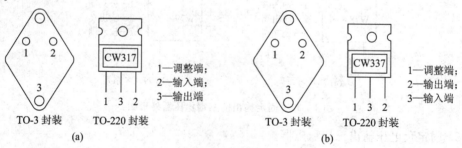

图 1-30 可调输出的三端稳压器外形图

使用这种稳压器非常方便,只要在输出端接两个电阻,就可得到所要求的输出电压值,它的典型应用电路如图 1-31 所示,是可调输出稳压器的标准电路。

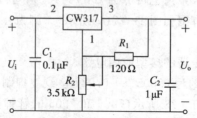

图 1-31 可调输出的三端稳压器典型应用电路

在图 1-31 标准电路中，因 CW117/217/317 的基准电压为 1.25 V，这个电压在输出端 3 和调整端 1 之间，故输出电压只能从 1.25 V 上调。输出电压表达式为

$$U_{\text{o}} = 1.25\left(1 + \frac{R_2}{R_1}\right) + 50 \times 10^{-6} \times R_2 \qquad (1-22)$$

上式中的第二项，即 $50 \times 10^{-6} \times R_2$，表示从 CW117/217/317 调整端流出的经过电阻 R_2 的电流为 50 mA。它的变化很小，所以在 R_2 阻值很小时，可忽略第二项，即为

$$U_{\text{o}} = 1.25\left(1 + \frac{R_2}{R_1}\right) \qquad (1-23)$$

1.2.6 直流稳压电源的主要技术指标

稳压电源的主要指标有两类：一类是表示电源适用范围的特性指标，如允许输入电压、输出电压(或输出电压调节范围)以及输出电流等；还有一类是衡量电源性能优劣的质量指标，主要有以下几个。

1. 稳压系数 S_r

稳压系数指负载一定时，稳压电路输出电压相对变化量与(稳压电路)输入电压相对变化量的比值，即

$$S_r = \frac{\Delta U_{\text{o}}/U_{\text{o}}}{\Delta U_{\text{i}}/U_{\text{i}}}\bigg|_{R_L = \text{常数}} \qquad (1-24)$$

式中，U_{i} 是整流滤波后的直流电压。S_r 愈小，输出电压愈稳定。

2. 输出电阻 R_{o}

输出电阻指当直流稳压电路输入电压 U_{i} 及环境温度不变时，输出电压变化量与输出电流变化量之比，即

$$R_{\text{o}} = \frac{\Delta U_{\text{o}}}{\Delta I_L}\bigg|_{\Delta U_{\text{i}} = 0} \qquad (1-25)$$

R_{o} 反映了 R_L 变化时输出电压变化量的大小，其值与电路结构和参数密切相关。

3. 电压调整率 K_U

电压调整率指额定负载时，电网电压波动 10%，输出电压的相对变化量，即

$$K_U = \frac{\Delta U_{\text{o}}}{U_{\text{o}}} \qquad (1-26)$$

4. 纹波电压 U_r

纹波电压指输出电压 U_{o} 中交流分量的有效值，其大小除与稳压电路的性能有关外，还与稳压系数 S_r 有关。

1.3 项目实施

1.3.1 常用仪器使用训练

一、训练目的

(1) 了解低频信号发生器、交流毫伏表及双踪示波器的性能和正确使用方法；

（2）初步掌握用示波器测量信号波形参数的方法。

二、训练说明

在电子线路测试中，经常使用的电子仪器包括示波器、信号发生器、交流毫伏表、直流稳压电源及频率计等。它们和万用表或直流电压表配合，可以完成对模拟电子电路的静态和动态工作状态的测试。本次训练着重学习示波器、信号发生器和交流毫伏表的使用方法，其在实验中的连接如图1-32所示。

信号发生器选用 XD22 型，它可以产生正弦、矩形及 TTL 三种波形的信号，信号频率范围为 1 Hz～1 MHz；交流毫伏表选用 HZ1812 型，它的用途是测量正弦信号电压的大小；示波器是用来观测各种周期电压（或电流）波形的仪器，本训练中选用 COS5020BF 型号，它是一种自带频率计的通用双踪示波器。

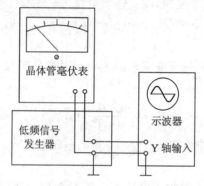

图1-32 用示波器观测信号电压波形及其测量幅值和周期

三、训练内容

1. XD22 型信号发生器和 HZ1812 交流毫伏表的使用

（1）信号频率的调节。

根据表1-4中所列待调频率的数值，正确选择低频信号发生器左下方"波段"和"频率"旋钮的位置，使数码管显示的频率读数与待调频率一致，并将各旋钮的位置记入表1-4中。读数时要注意小数点位置和频率单位。

表1-4 信号频率的调节

待调频率	波段旋钮位置	频率调节旋钮位置		
		×1	×0.1	×0.01
20 Hz				
450 Hz				
1 kHz				
35 kHz				
520 kHz				

(2)"输出衰减"各位置满度输出电压的测量。

将 XD22 信号发生器频率调至 1 kHz，并调节"输出细调"旋钮，使表头指示保持为满刻度(6.3 V)。从 0 dB 开始依次改变"输出衰减"旋钮的位置，用交流毫伏表测量出对应的满度电压值记入表 1-5 中(注意正确连线及合理选择毫伏表的量程)。

表 1-5 "输出衰减"各位置满度输出电压的测量

输出衰减 信号电压	0 dB	10 dB	20 dB	30 dB	40 dB	50 dB	60 dB	70 dB	80 dB	90 dB
理论电压/V										
实测电压/V										

(3)若需要一个 $f=1.0$ kHz，$U=10$ mV 的正弦信号时，如何正确选择 XD22 信号发生器和 HZ1812 交流毫伏表的旋钮位置，思考后实践证明。

2. 示波器的使用

(1)示波器的调整。

先检查几个重要开关旋钮的位置。将触发方式置"自动"，触发源置"内"，内触发置"常态"，电平调节旋钮逆时针锁住，输入耦合方式置"AC"或"DC"。

然后打开电源，调节"辉度"、"聚焦"及 X 轴、Y 轴位移，使荧光屏正中出现一条亮度适中而清晰的扫描基线。

(2)用示波器测量信号参数。

使信号发生器的信号频率分别为 100 Hz、1 kHz、10 kHz，电压有效值均为 1 V(用毫伏表准确测量)。适当调节示波器 Y 轴灵敏度开关"VOLT/DIV"及扫速开关"TIME/DIV"的位置，使示波器屏上显示合适高度的波形，则此时屏上垂直坐标表示每格的电压数值，水平坐标表示每格的时间数值。根据被测波形在垂直方向及水平方向一个周期所占格数便可读出被测信号电压的数值及信号周期。结果记入表 1-6 中。

表 1-6 示波器测量信号的参数

信号源频率 /Hz	毫伏表读数 /V	示波器测量值			
		周期/ms	频率/Hz	峰-峰值/V	有效值/V
100					
1 k					
10 k					

1.3.2　直流稳压电源测试训练

一、训练目的

(1) 了解集成稳压器的特点和应用；

(2) 掌握直流稳压电源主要技术指标的测试方法。

二、训练原理

电子设备都需要直流电源供电，获得直流电源的方法绝大多数是采用把交流电转变为直流电的稳压电源。

直流稳压电源一般由降压、整流、滤波和稳压电路四部分组成，随着半导体工艺的发展，现在稳压电路普遍采用各种集成稳压器件，本训练所用集成稳压器为三端固定正稳压 W7812 和三端可调正稳压 W317，由 W7812 构成的实验电路如图 1-33 所示。

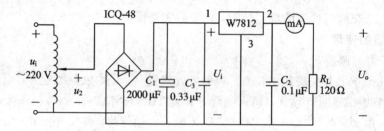

图 1-33　由 W7812 构成的串联型稳压电源

W317 引脚接线简图如图 1-34 所示。

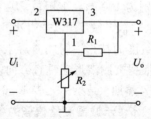

图 1-34　W317 引脚接线简图

图 1-35 所示为 ICQ-48 二极管整流桥堆管脚图。

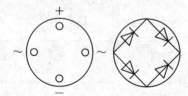

图 1-35　ICQ-4B 二极管整流桥堆管脚图

三、训练内容

(1) 按图 1-33 连接实验电路，调整工频电源输出为 $U_2 = 15$ V，用直流电压表测量三

端稳压器输入电压 U_i 和输出电压 U_L，用交流毫伏表测量纹波电压 U_r，同时用示波器观察输出电压波形，把相应数据及波形记入表 1-7 中。

表 1-7 Y 输入、输出、纹波电压及输出电压波形

U_2/V	U_i/V	U_L/V	U_r/V	U_L 的波形

（2）测量稳压系数 S_r。

改变工频电源输入电压分别为 14 V、15 V 及 16 V，用直流电压表测出三端稳压器相应的输入及输出电压，记入表 1-8 中。

表 1-8 测量稳压系数 S_r

测试值			计算值
U_2/V	U_i/V	U_o/V	$S_r = \dfrac{\Delta U_o / U_o}{\Delta U_i / U_i}$
14			$S_{12} =$
15			
16			$S_{23} =$

（3）测量输出电阻 R_o。

改变负载电阻分别为 ∞、240 Ω、120 Ω，用直流电压表测出不同负载电流条件下的输出电压 U_o 的值记入表 1-9 中。

表 1-9 测量输出电阻 R_o

测量值		计算值
I_o/mA	U_o/V	$R_o = \dfrac{\Delta U_o}{\Delta I_o} / \Omega$
空载		
50		
100		

（4）可调三端稳压器的测试。

用图 1-34 所示 W317 应用电路替代图 1-33 中 W7812，其余电路不变，可调工频电源至 $U_2 = 25$ V，调节 R_2 并用直流电压表测量稳压输出范围。

（5）按照以上四个步骤，用 Mulitisim 10.1 仿真软件对电路进行仿真并与以上结果进行对比。

1.3.3 项目操作指导

一、电子线路装调基本程序及要求

1. 元器件的清点和检测

(1) 元器件的数量、规格应符合工艺要求，如有差错，应予以更换。

(2) 电阻、电容等用万用表电阻挡可进行一般性测量；对电源变压器，除用万用表测量其一、二次直流电阻外，还可采用给一次侧通电来测量二次开路电压的方法进行检查。

(3) 用万用表测量二极管，根据其单向导电性测量极性和质量好坏，正向电阻一般为几百欧至几千欧，反向电阻一般为几百千欧，判定二极管质量的方法如下：

a. 若正向电阻很小，反向电阻很大，说明该二极管的质量很好。

b. 若正、反向电阻相差不大，说明该二极管为劣质二极管。

c. 若正、反向电阻都是无穷大或零，则说明该二极管内部断路或短路。

2. 元器件的预加工

对连接导线、电阻器、电容器等进行剪脚、浸锡以及成形加工。

3. 电路板的装接要求及方法

若采用 PCB 板，可对照电路原理图 1-2 将元器件一一插入，然后焊接安装。若采用万用布线板，应根据预先绘制的草图进行安装，装配工艺要求如下：

(1) 电阻器、二极管(发光二极管除外)均采用水平紧贴电路板的安装方式。电阻器的标记朝上，色环电阻的色环标志顺序方向一致。

(2) 电容器采用垂直安装方式，底部离电路板 2 mm～5 mm。

(3) 三端稳压器采用垂直安装方式，底部离电路板 5 mm。

(4) 发光二极管采用垂直安装方式，底部离电路板 12 mm～15 mm。

(5) 所有焊点均采用直插焊，焊接后剪脚，留引脚头在焊面以上 0.5 mm～1 mm。

(6) 用万用布线板布置元器件，应疏密均匀，电路走向(焊接面)应基本和电路原理图一致。布线应正确、平直，转角处成直角，焊接可靠、无漏焊、短路。

基本方法：根据装配图用浸锡裸线进行布线，并与每个元器件的安装孔焊接。若焊接连线有交叉，可从电路板正面插入跳线焊接。确保焊接可靠，并减去多余导线。

4. 总装加工工艺要求

电源变压器用螺钉紧固在电路板的元件面上，其一次侧引出线居外侧，二次侧引出线居内侧。万用板上的另外两个角也固定两个螺钉，紧固件的螺母均安装在焊接面上。电源线与变压器一次侧引出线焊接并进行绝缘处理后，应把它放到固定变压器的某一螺钉加垫的金属压片下压紧，变压器二次侧引出线插入安装孔后焊接。

5. 调试

调试前，应仔细检查有无错焊、漏焊、虚焊、输入和输出端有无短路等现象，如有，应先排除，然后接通电源，进行相关测试点的测试。

二、电路搭接与单元电路测试

1. 搭接、测试整流电路

（1）在桥式整流电路中，4 只整流二极管连接时要注意极性；安装变压器应根据变压器上的标注区分一次侧和二次侧，其中一次侧接电网交流电压 220 V，二次侧所变换的交流电压接整流桥输入。一次侧导线细，匝数多，直流电阻大；二次侧导线粗，匝数少，直流电阻小，若标注不清时亦可以此区分一、二次侧，连接应无误。

（2）连接完毕，检查无误后接通电源，由 R_1、V_8 组成的电源指示电路的发光二极管应发亮。用万用表交流挡测量变压器二次侧电压，用直流电压挡测量整流输出电压，并验证二者之间的关系。

2. 搭接、测试滤波电路

在整流电路输出端接入滤波电容，连接时应注意电容极性及其耐压值。连接完毕通电测试整流滤波输出的电压即电容两端的电压，看是否与理论分析相符合。

3. 搭接、测试稳压电路

将三端稳压器及两只电容接入，注意三端稳压器三个引出端应正确连接。接好后，通电测试，电源输出端即电容 C_2 两端应有稳定的输出电压。

三、整机测试与调整

1. 电路测试与调整步骤

先测试变压器输出电压 U_2，再测试整流、滤波后的电压 U_i，最后测试、调整稳压后输出电压 U_o。

2. 电路测试与调整方法

（1）仔细检查、核对电路与元器件，确认无误后加入规定的交流电压 u_i：220 V、50 Hz±10%。

（2）拔出变压器二次侧输出线与电路板连接插头，用万用表交流电压挡测量变压器二次侧输出电压 U_2。

（3）如变压器二次侧输出电压 U_2 正常，则在先拔出直流熔断器 FU₂，切断后续稳压调整电路的情况下，再连接好变压器二次侧输出线与电路板连接插头，此时，发光二极管 V_3 应正常发光。用万用表直流电压挡测量整流、滤波后的电压 U_i。在空载的情况下，U_i 与 U_2 的正常数值关系为 $U_i \approx 1.4 U_2$。

（4）如整流、滤波后电压 U_i 正常，则可连接好直流熔断器 FU₂，若调整电位器 R_P，发光二极管 V_6 应发光且发光亮度随电位器调整变化。用万用表直流电压挡测量稳压后输出电压 U_o。正常时，U_o 的调整范围为 1.25 V～30 V。

（5）用示波器观察 U_2、U_i 和 U_o 的波形。

（6）总结直流稳压电源的作用。

1.4　项目总结

（1）常见的半导体材料是硅和锗，二极管具有单向导电性。

（2）直流稳压电源的作用就是将电网提供的交流电转换为比较稳定的直流电。

（3）线性直流稳压电源的组成一般由变压、整流、滤波和稳压四部分电路构成。

（4）整流电路一般利用二极管的单向导电性，将交流电转变为单一方向的脉动直流电。

（5）在直流稳压电源中，滤波电路一般是利用电容、电感等储能元件的储能特性单独或复合构成，作用是将脉动直流电转变为较平滑的直流电。

（6）稳压电路的作用是防止电网电压波动或负载变化时输出电压的变化，使输出端得到稳定的直流电压。

（7）稳压电路的类型很多，中、小功率的稳压电路常采用集成三端稳压器。

练 习 与 提 高

一、填空题

1．二极管具有_____特性，加_____电压导通，加_____电压截止。

2．整流的主要目的是_____。

3．整流是利用二极管的_____特性将交流电变为直流电。

4．在直流电源中的滤波电路应采用_____滤波电路。

5．常温下，硅二极管的死区电压约为____V，导通后两端电压基本保持约____V不变；锗二极管的死区电压约为____V，导通后两端电压基本保持约____V不变。

6．PN结正向偏置时，外电场的方向与内电场的方向_____，有利于_____的_____运动而不利于_____的_____；PN结反向偏置时，外电场的方向与内电场的方向_____，有利于____的_____运动而不利于_____的_____，这种情况下的电流称为_____电流。

7．PN结形成的过程中，P型半导体中的多数载流子由_____向_____区进行扩散，N型半导体中的多数载流子由_____向_____区进行扩散。扩散的结果使它们的交界处建立起一个_____，其方向由_____区指向_____区。_____的建立，对多数载流子的_____起削弱作用，对少子的_____起增强作用，当这两种运动达到动态平衡时，_____形成。

8．检测二极管极性时，需用万用表欧姆挡的_____挡位，当检测时表针偏转度较大时，与红表棒相接触的电极是二极管的_____极；与黑表棒相接触的电极是二极管的_____极。检测二极管好坏时，两表棒位置调换前后万用表指针偏转都很大，说明二极管已经被_____；两表棒位置调换前后万用表指针偏转都很小，说明该二极管已经_____。

二、判断题

1．二极管反向击穿后立即烧毁。（　　）

2．硅二极管两端加上正向电压时立即导通。（　　）

3．当二极管两端正向偏置电压大于死区电压时，二极管才能导通。（　　）

4．P型半导体可通过在纯净半导体中掺入五价元素而获得。（　　）

5．用万用表测试晶体管时，选择欧姆挡$R \times 10$ k挡位。（　　）

6．PN结正向偏置时，其内、外电场方向一致。（　　）

三、选择题

1. P 型半导体是在本征半导体中加入微量的（　　）元素构成的。

A. 三价　　　　　　　　　　　　B. 四价

C. 五价　　　　　　　　　　　　D. 六价

2. 稳压二极管的正常工作状态是（　　）。

A. 导通状态　　　　　　　　　　B. 截止状态

C. 反向击穿状态　　　　　　　　D. 任意状态

3. 用万用表检测某二极管时，发现其正、反向电阻均约等于 1 kΩ，说明该二极管（　　）。

A. 已经击穿　　　　　　　　　　B. 完好状态

C. 内部老化不通　　　　　　　　D. 无法判断

4. PN 结两端加正向电压时，其正向电流是由（　　）而成。

A. 多子扩散　　　　　　　　　　B. 少子扩散

C. 少子漂移　　　　　　　　　　D. 多子漂移

5. 下面哪一种情况二极管的单向导电性好（　　）。

A. 正向电阻小反向电阻大

B. 正向电阻大反向电阻小

C. 正向电阻反向电阻都小

D. 正向电阻反向电阻都大

6. 二极管的主要特性是（　　）。

A. 放大特性　　　　　　　　　　B. 恒温特性

C. 单向导电特性　　　　　　　　D. 恒流特性

7. 在 P 型半导体中，多数载流子是（　　）。

A. 电子　　　　　　　　　　　　B. 空穴

C. 离子　　　　　　　　　　　　D. 杂质

8. 正弦电流经过二极管整流后的波形为（　　）。

A. 矩形方波　　　　　　　　　　B. 等腰三角波

C. 正弦半波　　　　　　　　　　D. 仍为正弦波

四、综合题

1. N 型半导体中的多子是带负电的自由电子载流子，P 型半导体中的多子是带正电的空穴载流子，因此说 N 型半导体带负电，P 型半导体带正电。上述说法对吗？为什么？

2. 如图 1-36 所示电路中，已知 $E=5$ V，$u_i = 10 \sin\omega t$ V，二极管为理想元件（即认为正向导通时电阻 $R=0$，反向阻断时电阻 $R=\infty$），试画出 u_o 的波形。

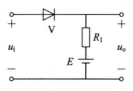

图 1-36　综合题 2

3. 如图 1-37 所示电路中，硅稳压管 V_{Z1} 的稳定电压为 8 V，V_{Z2} 的稳定电压为 6 V，正向压降均为 0.7 V，求各电路的输出电压 U_o。

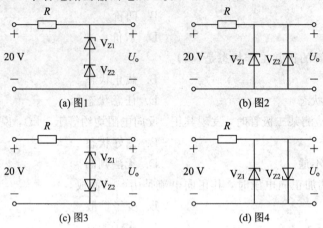

图 1-37　综合题 3

4. 现要求负载电压 $U_L = 30$ V，负载电流 $I_L = 150$ mA，采用单相桥式整流电路，带电容滤波器。已知交流信号的频率为 50 Hz，试选用整流二极管型号和滤波电容器。

5. 如图 1-38 所示，若 $U = 10$ V，稳压管的稳定电压 $U_Z = 6$ V，问哪个电路能使 R_L 两端的电压稳定在 6 V？哪个电路中的稳压管会损坏？

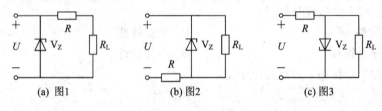

图 1-38　综合题 5

6. 有一电阻性负载，需直流电压 24 V，直流电流 1 A，若使用(1) 单相半波整流电路供电；(2) 单相桥式整流电路供电。试分别求出电源变压器次级电压有效值，并选择整流二极管。

7. 在单相桥式整流电路中，若有一个二极管断路，电路会出现什么现象？若有一个二极管短路或反接，电路又会出现什么现象？

8. 桥式整流电容滤波电路如图 1-39 所示，设 $U_o = 24$ V，$R_L = 300$ Ω，(1) 求 $U_2 = ?$ (2) 选择二极管和滤波电容。

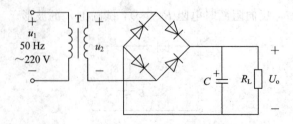

图 1-39　综合题 8

9. 将图 1-40 所示的元器件正确连接，组成一个电压可调稳压电源。

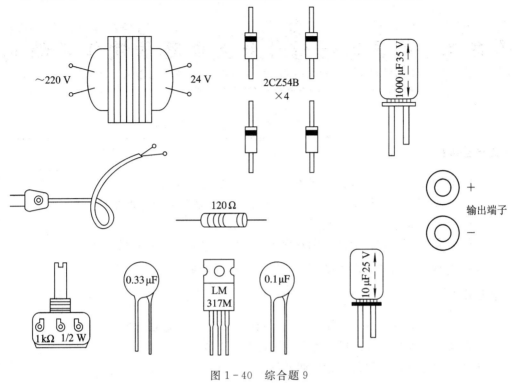

图 1-40 综合题 9

10. 用集成稳压器设计、制作一个稳压电源。要求：输出电压 5 V，输出最大电流 0.5 A。

项目二　简易音频信号放大电路的制作与调试

【知识目标】

(1) 理解小信号电压放大电路的实质及其主要性能指标；

(2) 掌握三极管的结构、电路符号、类型、分类及其主要性能指标；

(3) 了解放大电路的一般组成与基本分析方法；

(4) 掌握由三极管组成的三种组态放大电路的基本组成与分析方法；

(5) 掌握三种组态放大电路的实验验证及数据处理。

【能力目标】

(1) 能识别普通三极管，并会用万用表检测三极管的极性与好坏；

(2) 能查阅资料，对三极管等元件进行合理选取；

(3) 能对放大电路进行安装、调试及故障处理；

(4) 能使用示波器观测放大电路波形。

2.1　项目描述

无论是在工农业生产，还是在日常生活中，经常需要将微弱的电信号放大成较大的电信号，以推动设备进行工作。例如，声音通过话筒转换成的信号电压往往在几十毫伏以下，它不可能使扬声器发出足够音量的声音；而从天线接收下来的无线电信号电压更小，只有微伏数量级。因此信号放大电路是电路系统中最基本的电路，应用十分广泛。

放大电路(如扩音器)一般主要由电压放大和功率放大两部分电路组成，先由电压放大电路将微弱的电信号放大去推动功率放大电路工作，再由功率放大电路输出足够的功率去推动执行元件(如扬声器)工作。

2.1.1　项目学习情境：单管音频信号放大电路的制作与调试

图 2-1 所示为单管音频信号放大电路原理图，该电路包括三极管直流偏置电路，信号输入、输出电路，负载电路，音频信号源，音频功率放大电路五部分。

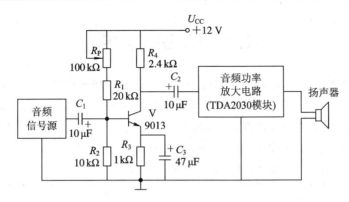

图 2-1　单管音频信号放大电路原理图

2.1.2　电路元器件参数及功能

简易单管音频信号放大电路(三极管共射放大电路)元器件参数及功能如表 2-1 所示。

表 2-1　单管音频放大电路(三极管共射放大电路)元器件参数及功能

序号	元器件代号	名称	型号及参数	功　　能	
1	C_1	电容器	CD11, 16 V, 10 μF	输入耦合电容:隔断三极管基极直流偏置电流,输入信号源交流信号	
2	R_1	电阻器	RJ11, 0.25 W, 20 kΩ	基极上偏置电路电阻	共同为三极管提供合适、稳定的偏置电压
3	R_2	电阻器	RJ11, 0.25 W, 10 kΩ	基极下偏置电路电阻	
4	R_P	电位器	WS, 1 W, 100 kΩ	基极上偏置电路电位器	
5	R_3	电阻器	RJ11, 0.25 W, 1 kΩ	发射极偏置电路电阻	
6	R_4	电阻器	RJ11, 0.25 W, 2.4 kΩ	三极管集电极负载:将三极管集电极电流的变化转变为集电极电压的变化	
7	C_2	电容器	CD11, 16 V, 10 μF	输出耦合电容:隔断集电极直流信号,输出交流信号	
8	C_3	电容器	CD11, 16 V, 47 μF	发射极交流旁路电容:使发射极交流信号不通过发射极偏置电阻 R_3	
9	V	三极管	9013	三极管:电流放大	
10	音频信号源	低频信号发生器或音乐芯片	低频信号发生器或音乐芯片	信号源:为放大电路提供测试或工作信号	
11	音频功率放大(含扬声器)	低频功率放大模块	TDA2030 功率放大器(功放)模块	将放大电路输出的信号进行足够的功率放大,送至扬声器转换为声音信号	
12	$+U_{CC}$	直流源	+12 V、0.5 A	供电:为放大电路工作提供工作电流	

2.2 知识链接

放大电路,是模拟电子电路中应用最为广泛的电路,基本任务是将微弱的电信号放大到负载(如喇叭、显示仪表等)所需要的数值。根据实际的输入信号和输出信号是电压或者是电流,放大电路可分为四种类型:电压放大、电流放大、互阻放大和互导放大。本项目学习主要针对小信号电压放大电路,所需具备的知识点如表 2-2 所示。

表 2-2 项目二各任务链接知识点

学习任务	知识点
放大电路的基本知识	放大电路的概念、主要性能指标
晶体三极管	三极管的结构、类型、放大作用、连接方式、特性曲线、主要参数等
单级放大电路	三种组态放大电路的分析、Q 点的计算、动态指标的计算
场效应管	场效应管的结构、符号、特性及其构成的放大电路

2.2.1 放大电路的基本知识

一、放大电路的概念

放大电路通常也叫放大器,可以用一个具有一对输入端钮和输出端钮的方框来表示,如图 2-2 所示。将需要放大的输入信号加到放大器的输入端,在输出端就可以得到被放大了的信号。

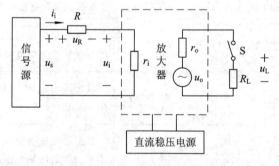

图 2-2 放大电路方框图

需要放大的信号称为放大器的信号源,而输出端所接电阻 R_L 称为放大器的负载。

电子技术中所说的放大,必须同时满足两个条件:一是输出信号的功率必须大于输入信号的功率;二是输出信号的波形必须与输入信号的波形相同。

二、放大电路的主要性能指标

放大电路的主要性能指标是衡量放大器性能优劣的主要技术参数。在放大电路方框图中,放大器对信号源而言,相当于信号源的一个负载;而对负载来说,放大器又相当于一个实际电压源。因此,一般小信号电压放大电路的主要性能指标有以下几个:

1. 电压放大倍数 A_u

$A_u = u_o / u_i$，用来衡量放大电路不失真电压的放大能力。

2. 输入电阻 r_i

输入电阻即从放大电路输入端看进去的等效交流电阻，输入电阻 $r_i = u_i / i_i$ 用来衡量电路对前级或信号源的影响强弱，r_i 越大，影响越小。在图 2-2 中，输入电阻为

$$r_i = \frac{u_i}{i_i} = \frac{u_i}{\dfrac{u_R}{R}} = \frac{u_i}{u_s - u_i} R$$

3. 输出电阻 r_o

输出电阻即从放大电路输出端（断开电阻 R_L）看过去的等效交流电阻，输出电阻 $r_o = u_o / i_o$（u_o 指输出端的开路电压，i_o 指输出端的短路电流）。r_o 用来衡量电路的带负载能力，r_o 越小，带负载能力越强。在图 2-2 中，开关 S 闭合时，输出电阻为

$$r_o = \left(\frac{u_o}{u_L} - 1\right) R_L$$

4. 最大输出幅值电压 U_{om}

U_{om} 用来衡量放大电路最大信号输出电压的大小。

5. 通频带

通频带用于衡量放大电路对不同频率信号的放大能力。放大电路存在电容、电感及半导体器件结电容等电抗元件，这些电抗元件对于不同频率的交流信号的阻碍作用大小不同，使得电路对不同频率的交流信号的放大能力不同。

一般情况下，一个具体的放大电路只能放大一定频率范围的交流信号，这个频率范围就是通频带，如图 2-3 所示。在信号传输系统中，系统输出信号从最大值衰减 3 dB 的信号频率为截止频率，上、下截止频率之间的频带称为通频带，用 B_W 表示。$B_W = f_H - f_L$。

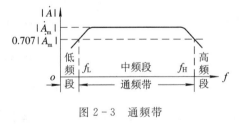

图 2-3　通频带

通频带越宽，表明放大电路对不同频率信号的适应能力越强；通频带越窄，表明电路对通频带中心频率的选择能力越强。

6. 非线性失真

由于放大器件（晶体三极管、场效应管等）均具有非线性的特性，它们的线性放大范围有一定的限制，当输入信号幅度超过一定数值之后，输出电压将会产生失真。这种由于器件的非线性引起的失真称为非线性失真。

三、放大电路中信号放大的实质

放大电路中"放大"的实质并不是能量的增加，而是能量的控制与转换。放大的目的是将微弱变化的信号放大成较大的信号。

三极管放大电路的实质是用小能量的信号通过三极管的电流控制作用，将放大电路中直流电源的能量转化成交流能量输出。

四、放大电路的分类

按放大元器件的不同，放大电路一般分为分立元件放大电路和集成放大电路。

按放大参数不同，放大电路一般分为电压、电流和功率放大电路。

按电路结构不同，放大电路一般分为单级和多级放大电路。

按信号频率不同，放大电路一般分为直流、低频、高频、选频放大电路等多种类型。

2.2.2 晶体三极管

晶体三极管，简称三极管，是组成各种电子电路的核心元件。由于晶体三极管具有体积小、重量轻、功耗小、成本低、寿命长等一系列优点，因而得到了广泛的应用。

简单地说，三极管是用特殊工艺的制造方法，将两个 PN 结背靠背、紧密地连接起来。

三极管的分类：按构成晶体管的半导体材料分为硅管和锗管；按晶体管的内部结构分为 NPN 管和 PNP 管；按晶体管的功率分为大、中、小功率管；按工作频率分为高频晶体管和低频晶体管。无论哪种三极管，都用于放大电路中，对电流、电压起放大作用。

一、三极管的结构示意图及符号

根据制造方法，画出三极管的结构示意图如图 2-4 所示。

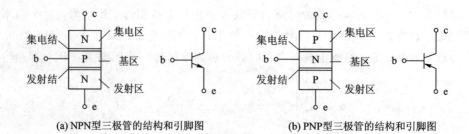

(a) NPN型三极管的结构和引脚图　　　　　　(b) PNP型三极管的结构和引脚图

图 2-4　三极管结构示意图

由图 2-4 可知，NPN 型或 PNP 型三极管都有三个区：基区、集电区和发射区；三个电极：基极、集电极和发射极（分别是从三个区引出的三个引脚），其中 b（或 B）表示基极，c（或 C）表示集电极，e（或 E）代表发射极；两个结：发射结（e 结）和集电结（c 结）。另外，引脚图中的箭头表示：当发射结加正向电压时，发射极的电流流向。

二、三极管的电流放大原理

1. 三极管的放大条件

三极管的放大条件分为内部条件和外部条件。内部条件：必须保证三极管有三个区、三个电极、两个结，并且基区做得很薄（几微米到几十微米），且掺杂浓度低；发射区的杂质浓度则比较高；集电区的面积比发射区做得大。

外部条件：发射结正偏，集电结反偏。

2. 三极管在放大电路中的基本连接方式

当把三极管接入电路时，必然涉及两个回路：输入回路和输出回路，每个回路都应有一个直流电源，使发射结正偏，集电结反偏。

由于两个电源共有四个端点，而三极管只有三个电极，因此输入回路和输出回路总有一个公共端。根据公共端的不同，可以有三种连接方式，如图 2-5 所示（以 NPN 管为例）。

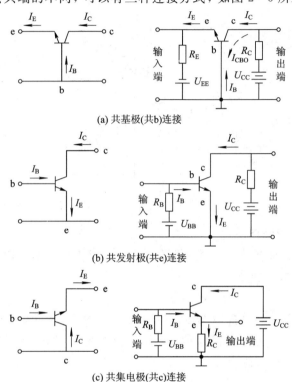

(a) 共基极(共b)连接

(b) 共发射极(共e)连接

(c) 共集电极(共c)连接

图 2-5　NPN 三极管的三种连接方式

3. 三极管的电流放大作用

三极管的电流放大作用是指基极电流对集电极电流的控制作用，即

$$I_C = \beta I_B$$

式中，β 为电流放大系数，$\beta \gg 1$。

4. 三极管的电流分配关系

NPN 管和 PNP 管的电流分配关系如图 2-6 所示。

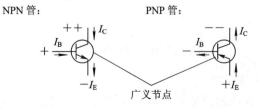

图 2-6　三极管的电流分配关系

由 KCL 知：$I_E = I_B + I_C$。

三、三极管的特性曲线

三极管的特性曲线是指电流与电压之间的关系，包括输入特性曲线和输出特性曲线。下面以 NPN 型共发射极三极管为例介绍三极管的特性曲线。这两组曲线可以在晶体管特性图示仪的屏幕上直接显示出来，也可以通过图 2-7 所示的电路逐点测出各对应数值，再绘制出曲线。

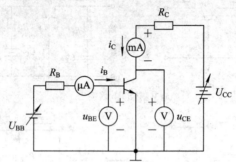

图 2-7 绘制输入、输出特性曲线的电路

1. 共发射极输入特性曲线

共发射极输入特性曲线测量电路如图 2-7 所示。共发射极输入特性曲线是以 U_{CE} 为参变量时，i_B 与 u_{BE} 间的关系曲线，即

$$i_B = f(u_{BE}) \mid_{\Delta U_{CE}=0}$$

典型的共发射极输入特性曲线如图 2-8 所示。由图 2-8 可知，不同的 U_{CE} 有不同的输入特性曲线，但当 $U_{CE} > 1$ V 以后，曲线基本保持不变。从图中还可知，三极管发射结也有一个导通电压，对于硅管约为 0.5 V～0.7 V，锗管约为 0.1 V～0.3 V。

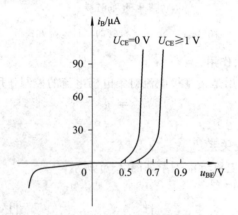

图 2-8 共发射极输入特性曲线

2. 共发射极输出特性曲线

共发射极输出特性曲线测量电路如图 2-7 所示。共发射极输出特性曲线是以 I_B 为参变量时，i_C 与 u_{CE} 间的关系曲线，即

$$i_C = f(u_{CE}) \mid_{\Delta I_B=0}$$

典型的共发射极输出特性曲线如图 2-9 所示，由图可见，输出特性可以划分为三个区

域，分别对应于三种工作状态。

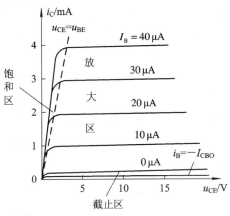

图 2-9　共发射极输出特性曲线

（1）放大区：输出特性曲线的近于水平部分是放大区。在放大区，$I_C = \beta I_B$，由于在不同的 I_B 下电流放大系数近似相等，所以放大区也称为线性区。三极管要工作在放大区，发射结必须处于正向偏置，集电结则应处于反向偏置，对硅管而言应使 $U_{BE} > 0$，$U_{BC} < 0$。

（2）截止区：$I_B = 0$ 的曲线以下的区域称为截止区。实际上，对 NPN 硅管而言，当 $U_{BE} < 0.5$ V 时即已开始截止，但是为了使三极管可靠截止，常使 $U_{BE} \leqslant 0$ V，此时发射结和集电结均处于反向偏置。

（3）饱和区：输出特性曲线的陡直部分是饱和区，此时 I_B 的变化对 I_C 的影响较小，放大区的 β 不再适用于饱和区。在饱和区，$U_{CE} < U_{BE}$，发射结和集电结均处于正向偏置。

四、三极管的主要参数

1. 共发射极电流放大系数 β

共发射极电流放大系数是指从基极输入信号、从集电极输出信号（共发射极）时的电流放大系数。

2. 极间反向电流

（1）集电极-基极间的反向饱和电流 I_{CBO}：发射极开路集电结反偏时，集电区与基区中由少子运动形成的电流。

（2）集电极-发射极间的穿透电流 I_{CEO}：基极开路、集电结反偏和发射结正偏时的集电极电流。

3. 极限参数

（1）集电极最大允许电流 I_{CM}：集电极电流超过一定值时，β 值要下降。当 β 值下降到正常值的三分之二时的集电极电流。

（2）集电极最大允许功率损耗 P_{CM}：集电极电流使晶体管受热，当引起的参数变化不超过允许值时的集电极所消耗的最大功率。

（3）反向击穿电压 $U_{(BR)CEO}$：基极开路，加在集电极和发射极之间的最大允许电压。

4. 温度对三极管参数的影响

（1）对 β 的影响：β 随温度的升高而增大。

（2）对反向饱和电流 I_{CBO} 的影响：I_{CBO} 随温度上升会急剧增加。

（3）对发射结电压 U_{BE} 的影响：温度升高，U_{BE} 将下降。

五、三极管的命名方法及检测

1. 命名方法

3A××，表示该三极管为 PNP 型锗管；3B××，表示该三极管为 NPN 型锗管；3C××，表示该三极管为 PNP 型硅管；3D××，表示该三极管为 NPN 型硅管；型号的第三位表示器件的类型，例如 G 代表高频小功率管，因此 3DG 就表示该三极管为 NPN 型高频小功率硅三极管，而 3AG 则表示该三极管为 PNP 型高频小功率锗三极管。常见三极管的封装形式如 2-10 所示。

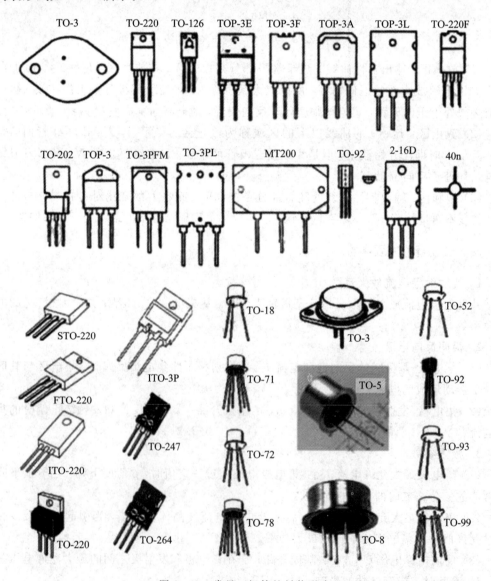

图 2-10　常见三极管的封装形式

2. 万用表检测三极管的方法

（1）判定基极 b。用万用表 $R\times100$ 或 $R\times1$ k 挡测量三极管三个电极中每两个极之间的正、反向电阻值。当用第一根表笔接某一电极，而第二根表笔先后接触另外两个电极均测得低阻值时，则第一根表笔所接的那个电极即为基极 b，这时，要注意万用表表笔的极性，如果红表笔接的是基极 b，黑表笔分别接在其他两极时，测得的阻值都较小，则可判定被测三极管为 PNP 型管；如果黑表笔接的是基极 b，红表笔分别接触其他两极时，测得的阻值较小，则被测三极管为 NPN 型管。

（2）判定集电极 c 和发射极 e。（以 PNP 为例）将万用表置于 $R\times100$ 或 $R\times1$ k 挡，红表笔接基极 b，用黑表笔分别接触另外两个管脚时，所测得的两个电阻值会是一个大一些，一个小一些。在阻值小的一次测量中，黑表笔所接管脚为集电极；在阻值较大的一次测量中，黑表笔所接管脚为发射极。

2.2.3　三极管放大电路及其分析

为了分析方便，这里规定放大电路中的电压、电流文字符号如表 2－3 所示。

表 2－3　放大电路中的电压、电流文字符号含义

符号	u_i，i_i	u_{be}，u_{ce}，i_b，i_c	U_{BE}，U_{CE}，I_B，i_c	u_{BE}，u_{CE}，i_B，i_C	u_o，i_o
含义	输入量	交流量	直流量	交、直流叠加量	输出量

一、基本共发射极放大电路及其分析

1. 电路的组成

三极管放大电路有共发射极（简称共射极）、共基极、共集电极三种组态的放大电路。图 2－11 所示为最基本的共射极放大电路，图（b）是图（a）的等效原理电路。

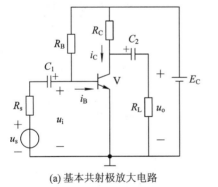
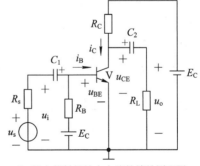

(a) 基本共射极放大电路　　　　(b) 基本共射极放大电路的等效原理图

图 2－11　NPN 型三极管构成的（单电源）基本共射极放大电路

下面介绍各元件的作用。

三极管 V：图中采用 NPN 型硅管，为核心放大元件，具有电流放大作用。

基极电阻 R_B：基极偏置电阻，给基极提供一个合适的偏置电流 I_{BQ}。

集电极电阻 R_C：集电极负载电阻，将三极管的电流放大作用转变成电压放大作用。

电阻 R_s 和电源 u_s：信号源，给输入回路提供被放大的信号 u_i。

电源 E_C：集电极电源，通过 R_B 给发射结加正向偏置电压，给基极回路提供偏置电流

I_{BQ}；通过 R_c 给集电结加反向偏置电压，给集电极回路提供偏置电流 I_{CQ}。三极管放大交流信号时把 E_c 的直流能量转变成交流能量，而三极管本身并不产生能量。

电阻 R_L：负载电阻，消耗放大电路输出的交流能量，将电能转变成其他形式的能量。

电容 C_1、C_2：耦合电容，起隔直导交的作用。图 2-11 中，C_1 左边、C_2 右边只有交流而无直流信号，中间部分为交、直流信号共存。耦合电容一般多采用电解电容器，在使用时，应注意它的极性与加在它两端的工作电压极性相一致，正极接高电位，负极接低电位。

工程实际中绘制电路图时往往省略电源不画，将图 2-11(a) 画成图 2-12(a) 的形式，其电源 E_c 用电压 U_{CC} 表示，这两个电路图的实际结构形式完全相同。由 PNP 型三极管构成的基本共射极放大电路如图 2-12(b) 所示，其与 NPN 型电路的不同之处是电源电压 U_{CC} 为负值，电容 C_1、C_2 的极性调换，后面在绘制电路图时都将按这种形式绘制。

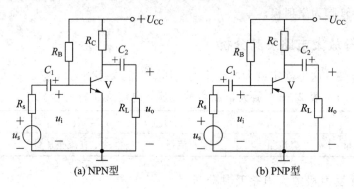

(a) NPN型   (b) PNP型

图 2-12　三极管构成的(单电源)基本共射极放大电路

2. 工作原理

任何放大电路都是由两大部分组成的，一是直流通路，其作用是为三极管工作于放大状态提供发射结正向偏压和集电结反向偏压，即为静态工作；二是交流通路，其作用是把交流信号放大并输出。

1) 静态工作原理

所谓静态，是指输入交流信号 $u_i = 0$ 时的工作状态。图 2-12(a) 在静态工作时可以等效为图 2-13(a) 所示电路，该电路称为基本共射极放大电路的直流通路。在直流状态下，三极管各极的电流和各极之间的电压分别表示为基极电流 I_{BQ}、集电极电流 I_{CQ}、基极与发

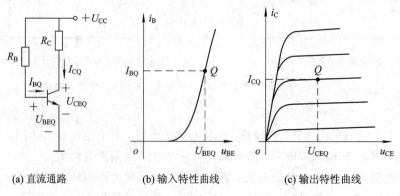

(a) 直流通路   (b) 输入特性曲线   (c) 输出特性曲线

图 2-13　基本共射极放大电路直流通路及特性曲线

射极之间的电压 U_{BEQ}、集电极与发射极之间的电压 U_{CEQ}。这几个值反映在输入、输出特性曲线上(如图 2-13(b)、(c)所示)是一个点，所以称其为静态工作点(或称 Q 点)。

画直流通路的方法是将电容断路，电感短路，其他各元件以三极管为核心照常画出。

由图 2-13(a)所示，根据 KVL 知 Q 值为：

$$I_{\text{BQ}}=\frac{U_{\text{CC}}-U_{\text{BEQ}}}{R_{\text{B}}};\ I_{\text{C}}=\beta I_{\text{B}};\ U_{\text{CEQ}}=U_{\text{CC}}-I_{\text{CQ}}R_{\text{C}}$$

2) 动态工作原理

所谓动态，是指放大电路输入信号 $u_{\text{i}}\neq0$ 时的工作状态。这时电路中既有直流成分，也有交流成分，各极的电流和电压都是在静态值的基础上再叠加交流分量。基本共射极放大电路的动态工作原理可用图 2-14 来说明，我们在这里仅考虑对 u_{i} 的放大作用。

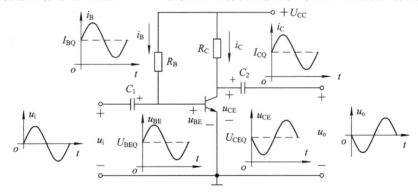

图 2-14　基本共射极放大电路的动态工作原理图

从图 2-14 分析可知：$u_{\text{o}}=u_{\text{ce}}=-R_{\text{C}}i_{\text{c}}=-R_{\text{C}}\beta i_{\text{b}}$。上式中的"一"表示输出信号 u_{o} 与输入信号 u_{i} 的相位相反，如图 2-14 所示。

在分析电路时，一般用交流通路来研究交流量及放大电路的动态性能。所谓交流通路，就是交流电流流通的途径，在画法上遵循两条原则：一是将原理图中的耦合电容 C_1、C_2 视为短路，二是电源 U_{CC} 的内阻很小，对交流信号视为短路，其他元件以三极管为核心照画。交流通路如图 2-15 所示。

从上面分析可知，在放大电路中同时存在直流分量和交流分量两种信号，直流分量由直流偏置电路决定，关系到三极管的直流工作状态；交流分量代表着交流信号的变化情况，沿着交流通路传递。两种信号各有各的用途，各走各的等效通路，不可混为一谈。

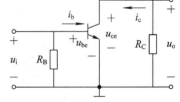

图 2-15　交流通路

基本共发射极放大电路工作原理总结如下：

(1) 当输入信号 $u_{\text{i}}=0$ 时，放大电路工作于静态，三极管各电极有着恒定的静态电流 I_{BQ} 和 I_{CQ}，各电极之间有着恒定的静态电压 U_{BEQ} 和 U_{CEQ}，这几个值称为静态工作点。设置静态工作点的目的是为了使三极管的工作状态避开死区。

(2) 当输入信号 $u_{\text{i}}\neq0$ 时，放大电路工作于动态，三极管各电极电流和各电极之间的电压跟随输入信号变化，并且都是直流分量与交流分量的叠加。由于集电极的交流分量 i_{c} 是基极电流交流分量 i_{b} 的 β 倍，因此，输出信号 u_{o} 比输入信号 u_{i} 的幅度大得多。

(3) 输出信号 u_{o} 与输入信号 u_{i} 的频率相等，但相位相反，即共发射极放大电路具有倒相作用。

3. 电路的分析计算

1) 静态工作点的估算

放大电路的静态工作点是根据直流通路和元件参数（R_B、R_C、R_E、U_{CC}、β 等）来计算的。

在图 2-13(a)所示的直流偏置电路中，直流通路有两个回路，一是由电源—基极—发射极组成，此回路的 U_{BE} 通常为已知值（硅管取 0.6 V~0.7 V、锗管取 0.2 V）；另一个回路由电源—集电极—发射极组成，此回路的 U_{CE} 及 I_C 均为未知数，通常从第一个回路开始求解。

例 2.1 在图 2-12(a)所示电路中，取 $U_{BE}=0.6$ V，已知 $U_{CC}=20$ V，$R_B=470$ kΩ，$R_C=6$ kΩ，$\beta=50$，求 I_B、I_C 和 U_{CE}。

解：(1) 求 I_B。

由 U_{CC}—R_B—基极—发射极—地组成的回路得：
$$I_B R_B + U_{BE} = U_{CC}$$

故

$$I_B = \frac{U_{CC} - U_{BE}}{R_B} \approx \frac{U_{CC}}{R_B} = \frac{20}{470} = 43 \ \mu A$$

(2) 求 I_C。

$$I_C = \beta I_B = 50 \times 43 = 2.15 \ mA$$

(3) 求 U_{CE}。

由 U_{CC}—R_C—集电极—发射极—地组成的回路得：
$$I_C R_C + U_{CE} = U_{CC}$$
$$U_{CE} = U_{CC} - I_C R_C = 20 - 2.15 \times 6 = 7.1 \ V$$

I_B、I_C 和 U_{CE} 在三极管特性曲线上确定的静态工作点，用 Q 表示。Q 设置得不合适，会对放大电路的性能造成影响。如图 2-16 所示，若 Q 点偏高，当 i_b 按正弦规律变化时，Q' 进入饱和区，造成 i_c 和 u_{ce} 的波形与 i_b（或 u_i）的波形不一致，输出电压 u_o（即 u_{ce}）的负半周出现平顶畸变，称为饱和失真；若 Q 点偏低，则 Q'' 进入截止区，输出电压 u_o 的正半周出现平顶畸变，称为截止失真。饱和失真和截止失真统称为非线性失真。

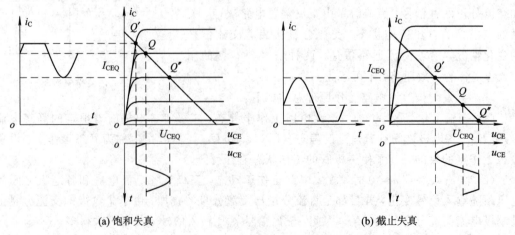

(a) 饱和失真　　　　　　　　　　(b) 截止失真

图 2-16　Q 点设置不合适引起的失真

2）动态工作的分析计算

应用晶体三极管的微变等效电路来分析放大电路，可以方便地计算电路的各项参数，这是分析放大电路最常用的基本方法，其具体步骤如下所述。

（1）三极管的微变等效电路。三极管各极电压和电流的变化关系在较大范围内是非线性的。如果三极管工作在小信号情况下，信号只是在静态工作点附近小范围变化，那么三极管特性可看成是近似线性的，可用一个线性电路来代替，这个线性电路就称为三极管的微变等效电路，如图 2 - 17 所示。其中，$r_{be} = 300 + \dfrac{26\ (\text{mV})}{I_{BQ}(\text{mA})}$。

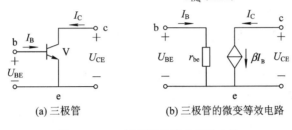

(a) 三极管　　　　　　　　(b) 三极管的微变等效电路

图 2 - 17　三极管及其微变等效电路

（2）放大电路的微变等效电路。用三极管的微变等效电路代替交流通道中的三极管，所得电路即为该放大电路的微变等效电路，如图 2 - 18(b) 所示。

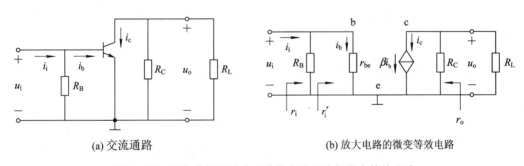

(a) 交流通路　　　　　　　　　　(b) 放大电路的微变等效电路

图 2 - 18　基本共射极放大电路的交流通路与微变等效电路

（3）用微变等效电路求动态指标。根据图 2 - 18(b) 所示电路，动态指标可用微变等效电路求得。

① 电压放大倍数 A_u。基本共发射极放大电路的电压放大倍数为

$$A_u = \frac{u_o}{u_i} = \frac{R'_L i_c}{r_{be} i_b} = -\frac{R'_L \beta i_b}{r_{be} i_b} = -\beta \frac{R'_L}{r_{be}}$$

式中 $R'_L = R_C \mathbin{/\mkern-5mu/} R_L$，若放大电路不带负载，此时无 R_L，则 $R'_L = R_C$。

② 电流放大倍数 A_i。基本共发射极放大电路的电流放大倍数为

$$A_i = \frac{i_c}{i_i} = \frac{i_c}{i_b + \dfrac{u_i}{R_B}} = \frac{\beta i_b}{i_b + \dfrac{r_{be} i_b}{R_B}} = \frac{\beta}{1 + \dfrac{r_{be}}{R_B}} = \frac{\beta R_B}{R_B + r_{be}}$$

③ 输入电阻 r_i。由图 2 - 18(b) 可知，基本共发射极放大电路的输入电阻为

$$r_i = \frac{u_i}{i_i} = \frac{u_i}{\dfrac{u_i}{R_B} + \dfrac{u_i}{r_{be}}} = r_{be} \mathbin{/\mkern-5mu/} R_B$$

实际电路中，R_B 远远大于 r_{be}，故 $r_i \approx r_{be}$。

④ 输出电阻 r_o。由图 2-18(b)知，三极管集电极回路等效成了一个理想受控电流源，理想受控电流源与 R_C 构成一个实际受控电流源，根据电路分析的理论，断开 R_L 后，求得该放大电路的输出电阻为

$$r_o = \frac{u_o}{i_o} \approx R_C$$

这里忽略了 r_{ce} 的分流作用，故上式是一个近似表示式。

对于电压放大电路，电压放大倍数 A_u、输入电阻 r_i、输出电阻 r_o 是三个最重要的参数，电流放大倍数 A_i 往往不作计算。

例 2.2 在图 2-19(a)所示电路中，$\beta = 50$，$U_{BE} = 0.7$ V，试求：（1）静态工作点；（2）动态指标。

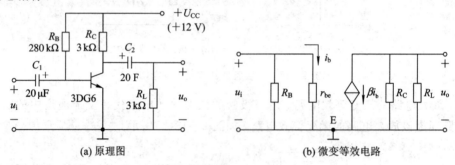

图 2-19 例 2.2 电路图

解：画出微变等效电路如图 2-19(b)所示。

（1）求静态工作点。

$$I_{BQ} = \frac{U_{CC} - 0.7}{R_B} = \frac{12 - 0.7}{280 \times 10^3} \approx 0.04 \text{ mA} = 40 \ \mu\text{A}$$

$$I_{CQ} = \beta I_{BQ} = 50 \times 0.04 \times 10^{-3} = 2 \text{ mA} \approx I_E$$

$$U_{CEQ} = U_{CC} - I_{CQ}R_C = 12 - 2 \times 10^{-3} \times 3 \times 10^3 = 6 \text{ V}$$

（2）计算动态指标。

$$r_{be} = 300 + \frac{(\beta+1)26 \ (\text{mV})}{I_E} \approx 300 + \frac{51 \times 26 \ (\text{mV})}{2 \ (\text{mA})}$$

$$= 963 \ \Omega \approx 0.96 \text{ k}\Omega$$

$$A_u = \frac{-\beta R_L'}{r_{be}} = \frac{-50 \times (3 // 3)}{0.96} = -78.1$$

$$r_i = R_B // r_{be} \approx r_{be} = 0.96 \text{ k}\Omega$$

$$r_o \approx R_C = 3 \text{ k}\Omega$$

二、分压式电流负反馈偏置(稳定静态工作点)电路及其分析

1. 工作原理

如图 2-20(a)所示放大电路，利用 R_{B1} 与 R_{B2} 的分压作用、R_E 的电流负反馈作用来消除温度对静态工作点的影响，故称为分压式电流负反馈偏置电路。下面具体介绍该电路稳定静态工作点的原理，该电路的直流通道如图 2-20(b)所示。

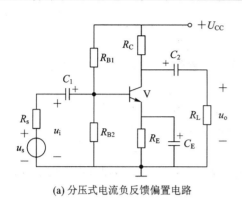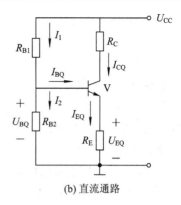

(a) 分压式电流负反馈偏置电路　　　　　　　(b) 直流通路

图 2-20　分压式电流负反馈偏置电路及其直流通路

从直流通路中可知

$$I_1 = \frac{U_B}{R_{B2}} + \frac{U_B - U_{BE}}{(1+\beta)R_E}$$

如果合理选择 R_{B1} 和 R_E，可使 $R_{B2} \ll (1+\beta)R_E$，即有 $I_2 \gg I_B$，上式可近似表示为

$$I_1 \approx I_2 = \frac{U_B}{R_{B2}}$$

则

$$U_B \approx \frac{U_{CC}}{R_{B1} + R_{B2}} R_{B2}$$

上式说明，在满足 $R_{B2} \ll (1+\beta)R_E$ 的条件下，U_B 的大小基本上由 R_{B1} 和 R_{B2} 的分压来决定，与环境温度无关。这样，当温度升高引起集电极静态工作点电流 I_{CQ} 增大时，由于 $I_{EQ} = I_{CQ} + I_{BQ} \approx I_{CQ}$，$R_E$ 上的电压降 $U_E = R_E I_E$ 也增大，使 $U_{BE} = U_B - U_E$ 减小，I_{BQ} 减小，I_{CQ} 随之减小，从而克服了温度升高使得静态工作点上移的缺点。

上述稳定静态工作点的过程是一个自动调节的过程。为了使静态工作点的 I_{CQ} 不受温度变化的影响，只要 I_E 不受温度影响即可。由分析可知，当 $U_B \gg U_{BE}$ 时，由于 U_B 与温度无关，故 I_E 不受温度影响。

综合以上分析，分压式电流负反馈偏置电路稳定静态工作点的条件是：

a. $I_2 \gg I_B$，即 $R_{B2} \ll (1+\beta)R_E$；

b. $U_B \gg U_{BE}$，即 $I_E \approx \dfrac{U_B}{R_E}$。

以上两个条件在实际应用中要兼顾放大电路的工作性能。因为，如果要使 $I_2 \gg I_B$，R_{B2} 就要选取得很小，这样，R_{B2} 对输入交流信号 i_i 的分流作用增强，输入电阻减小，加重了信号源 u_s 的负担；如果将 U_B 取得很大，U_E 也增大，在电源电压 U_{CC} 不变的情况下，U_{CEQ} 将减小，放大电路的动态范围减小，影响交流输出电压 u_o。实践证明，I_2 和 U_B 按下式选择比较合适：

(1) 只有 $I_1 \gg I_{BQ}$，才能使 $U_{BQ} = U_{CC} \times R_{B2}/(R_{B1} + R_{B2})$ 基本不变。一般取

$$I_1 = (5 \sim 10)I_{BQ} \qquad 硅管$$

$$I_1 = (10 \sim 20)I_{BQ} \qquad 锗管$$

(2) 当 U_B 太大时必然导致 U_E 太大，使 U_{CE} 减小，从而减小了放大电路的动态工作范

围。因此，U_B 不能选取太大。一般取

$$U_B = (3 \sim 5) \text{ V} \qquad 硅管$$

$$U_B = (1 \sim 3) \text{ V} \qquad 锗管$$

2. 电路的分析计算

在图 2-20 中，由于 C_E 对交流信号的旁路作用，u_i 和 u_o 的公共端依然是三极管的发射极，故该电路仍为共发射极放大电路。下面介绍该电路的分析方法。

1）静态工作情况分析

静态工作情况分析主要是计算静态工作点。分压式电流负反馈偏置电路的直流通道如图 2-20(b)，按图计算静态工作点。

(1) 基极电位 U_B
$$U_B \approx \frac{U_{CC}}{R_{B1} + R_{B2}} R_{B2}$$

(2) 集电极电流 I_{CQ} 和集电极与发射极之间的电压 U_{CEQ}

集电极电流 I_{CQ}

$$I_{CQ} \approx I_E = \frac{U_B - U_{BE}}{R_E}$$

集电极与发射极之间的电压 U_{CEQ} 为
$$U_{CEQ} = U_{CC} - (I_{CQ}R_C + R_E I_{EQ}) \approx U_{CC} - (R_C + R_E)I_{CQ}$$

(3) 基极电流 I_{BQ}

$$I_{BQ} = \frac{I_{CQ}}{\beta}$$

例 2.3 在图 2-20(b)中，已知 $U_{CC} = 15$ V、$R_{B2} = 24$ kΩ、$R_{B1} = 12$ kΩ、$R_C = 3$ kΩ、$R_E = 2$ kΩ、$\beta = 50$，求 I_C 和 U_{CE}。

解：求 I_E 和 I_C。

先忽略 I_B 对基极电位 U_B 的影响，则 U_B 由 R_{B1} 和 R_{B2} 分压决定，故有

$$U_B = \frac{U_{CC}}{R_{B1} + R_{B2}} \cdot R_{B2} = \frac{15}{12 + 24} \times 12 = 5 \text{ V}$$

取 $U_{BE} = 0.6$ V，则

$$U_E = U_B - U_{BE} = 5 - 0.6 = 4.4 \text{ V}$$

所以

$$I_E = \frac{U_E}{R_E} = \frac{4.4}{2} = 2.2 \text{ mA}$$

工程上取

$$I_C \approx I_E = 2.2 \text{ mA}$$

管压降 U_{CE} 由 U_{CC}—R_C—集电极—发射极—R_E—地组成的回路求得
$$I_C R_C + U_{CE} + I_E R_E = U_{CC}$$

则

$$U_{CE} = U_{CC} - (I_C R_C + I_E R_E) = U_{CC} - I_C(R_C + R_E) = 15 - 2.2 \times (3 + 2) = 4 \text{ V}$$

由以上分析可见，基本共发射极放大电路在估算静态工作点过程中，I_C 和 U_{CE} 随三极管 β 值而变化，说明这类放大电路当电阻参数确定之后，一旦更换了三极管，其直流工作点也跟着改变，或者需要重新调整基极偏置电阻，以确保原有直流工作点不变；而分压式

电流负反馈偏置电路中三极管的 β 值不参与 I_C 和 U_{CE} 的运算过程，即 I_C 和 U_{CE} 不受 β 值影响，更换不同 β 值的三极管后，直流工作点也能基本不变，所以在实际应用中，分压式电流负反馈偏置电路被广泛采用。虽然分压式偏置电路能适应不同 β 值的三极管，来维持直流工作点的相对稳定，但不等于电路中三极管的 β 值可随意选择，因为 β 值还会影响到诸如电压放大倍数、输入电阻、输出电阻等参数。

2）动态工作情况分析

首先，画出电路的交流通道，如图 2-21(a) 所示，再根据交流通道画出其微变等效电路，如图 2-21(b) 所示，最后计算动态指标。

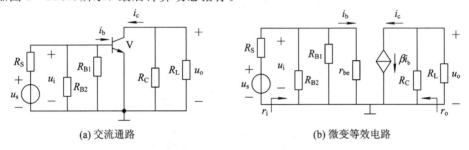

(a) 交流通路　　　　　　　　　　(b) 微变等效电路

图 2-21　分压式电流负反馈偏置电路的交流通路及微变等效电路

电压放大倍数

$$A_u=\frac{u_o}{u_i}=-\frac{\beta i_b \cdot R_C /\!/ R_L}{i_b \cdot r_{be}}=-\frac{\beta R_L'}{r_{be}}$$

式中 $R_L'=R_C /\!/ R_L$，若输出端不带负载，则 $R_L'=R_C$。

输入电阻

$$r_i=R_{B1} /\!/ R_{B2} /\!/ r_{be}=\frac{R_{B1}R_{B2}r_{be}}{R_{B1}R_{B2}+R_{B1}r_{be}+R_{B2}r_{be}}$$

输出电阻

$$r_o \approx R_C$$

源电压放大倍数 A_{us} 是放大电路对信号源 u_s 的电压放大倍数，即 u_o 与 u_s 的比值，其计算公式为

$$A_{us}=\frac{u_o}{u_s}=\frac{u_o}{u_i} \cdot \frac{r_i}{R_s+r_i}=A_u \frac{r_i}{R_s+r_i}$$

例 2.4　在图 2-22 中，若三极管 $\beta=80$，$U_{CC}=20$ V、$R_{B2}=150$ kΩ、$R_{B1}=47$ kΩ、$R_C=3$ kΩ、$R_{E1}=200$ Ω、$R_{E2}=1.3$ kΩ，试计算该电路的 A_u、r_i 和 r（设 $U_{BE}=0.6$ V）。

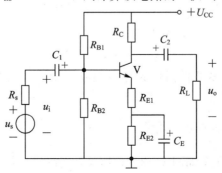

图 2-22　例 2.4 电路原理图

解：画出微变等效电路，如图 2-23 所示。

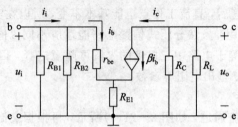

图 2-23　例 2.4 的微变等效电路图

(1) 求 A_u。

$$U_B = \frac{U_{CC}}{R_{B1} + R_{B2}} R_{B1} = \frac{20}{47 + 150} \times 47 = 4.8 \text{ V}$$

$$I_E = \frac{U_B - U_{BE}}{R_{E1} + R_{E2}} = \frac{4.8 - 0.6}{0.2 + 1.3} = 2.8 \text{ mA}$$

$$r_{be} = 300 + (1 + \beta) \frac{26 \text{ mV}}{I_E \text{mA}} = 300 + 81 \times \frac{26}{2.8} = 1052 \ \Omega \approx 1 \text{ k}\Omega$$

电压放大倍数 A_u 定义为输出电压 u_o 与输入电压 u_i 之比，即

$$A_u = \frac{u_o}{u_i}$$

$$u_o = -i_c R_L' = -\beta i_b R_L'$$

式中 $R_L' = R_C /\!/ R_L$ 称为交流总负载电阻。

$$u_i = i_b r_{be} + i_e R_{E1} = i_b r_{be} + (1 + \beta) i_b R_{E1}$$
$$= i_b [r_{be} + (1 + \beta) R_{E1}]$$

故

$$A_u = -\beta \frac{R_C /\!/ R_L}{r_{be} + (1 + \beta) R_{E1}} = -80 \times \frac{3.3 /\!/ 5.1}{1 + 81 \times 0.2} = -9.3$$

(2) 求 r_i。

r_i 可以直接从放大电路的交流等效电路中求取，由于恒流源 βi_b 的内阻为无穷大，输入电阻包括 r_{be}、R_{E1} 和 $R_B (R_B = R_{B1} /\!/ R_{B2})$，要把 R_{E1}（流过电流为 i_e）折算到基极电路（流过电流为 i_b），R_{E1} 和 r_{be} 就是简单的串联关系，有：

$$r_i = R_{B1} /\!/ R_{B2} /\!/ [r_{be} + (1 + \beta) R_{E1}] = 47 /\!/ 150 /\!/ (1 + 81 \times 0.2) = 11.6 \text{ k}\Omega$$

(3) 求 r_o。

放大电路的输出电阻等于集电极电阻，即

$$r_o = R_C = 3.3 \text{ k}\Omega$$

共射极放大电路的 A_u 从几倍到几十倍，r_i 可从几千欧到几十千欧，r_o 可从几百欧到几千欧。

三、共集电极放大电路及其分析

共集电极放大电路原理图如图 2-24(a) 所示，交流信号从基极加入，从发射极输出，所以又称射极输出器。

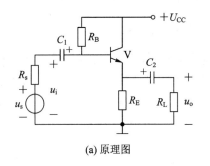 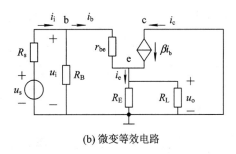

(a) 原理图　　　　　　　　　　(b) 微变等效电路

图 2-24　共集电极放大电路

射极输出器是具有 R_E 的串联型偏置方式，R_E 有稳定直流工作点的作用。由图可知：

$$u_{be} = u_i - u_o$$

当负载波动时，输出电压 u_o 的变化能在射极电路中通过 u_{be} 的作用自己调节（称负反馈）而减小波动，其调节过程如下：

当

$$R_L \downarrow \rightarrow u_o \downarrow \rightarrow u_{be} \uparrow \rightarrow i_b \uparrow \rightarrow i_e \uparrow \rightarrow u_o \uparrow$$

可见，射极输出器既有稳定直流工作点的作用，又有稳定输出电压的作用。它在电子线路中由于有着特殊功能而被广泛采用。其具体特点是电压放大倍数 A_u 略小于 1、输出电压与输入电压同相位、输入电阻大而输出电阻很小，分析如下。

1. 电压放大倍数 A_u

由图 2-24(b) 可得

$$u_o = u_i - u_{be}$$

所以电压放大倍数

$$A_u = \frac{u_o}{u_i} = \frac{u_i - u_{be}}{u_i} \leqslant 1$$

上式说明射极输出器无电压放大作用，但具有电流放大功能，式中无负号表示输出电压与输入电压同相位，即射极与基极同相位。

2. 输入电阻 r_i

由图 2-24(b) 可知，r_i 是从输入端往里看的等效电阻，它包括 R_B、r_{be}、R_E 和 R_L。射极交流等效电阻 $R'_L = R_E /\!/ R_L$，也是放大电路输出端的交流总负载电阻，利用 b、e 极电路的等效转换关系，可直接写出输入电阻

$$r_i = R_B /\!/ [r_{be} + (1+\beta)R'_L]$$

可见，射极输出器和具有射极交流电阻的共射极放大电路 r_i 是一样的，此值可以做得比较大，从几千欧到几十千欧不等。

3. 输出电阻 r_o

如图 2-24(b) 所示，从输出端往放大电路里面看进去的等效电阻 r_o 应包括 R_E 和 r_{be} 两部分。因为 $i_o = i_{R_E} + i_e$，而流过 r_{be} 的电流是 i_b，所以应把 r_{be} 折算到射极电路来，其阻值变为 $\dfrac{r_{be}}{1+\beta}$。这样，输出电阻

$$r_o = R_E /\!/ \frac{r_{be}}{1+\beta}$$

当 R_E 较大时，$r_o \approx \dfrac{r_{be}}{1+\beta}$。可见，射极输出器的 r_o 可做得很小（约几欧至几十欧）。

通常要求放大电路的输入电阻越大越好，输出电阻越小越好。因为放大电路接到信号源上以后，就相当于信号源的负载电阻，输入电阻越大表示放大电路从信号源（或前一级放大器）索取的电流越小，信号利用率越高，所以输入电阻的大小直接关系到信号源（或前一级放大器）的工作情况。放大电路的输出电阻越小越好，这样能带动更大的负载。

2.2.4 三极管(三种组态)放大电路的比较

三极管放大电路共有三种组态，即共集电极、共发射极、共基极放大电路，其性能比较如表 2－4 所示。

表 2－4 三极管三种组态放大电路性能比较

项目	共发射极电路	共集电极电路	共基极电路
电路结构			
静态工作点	$U_B \approx \dfrac{U_{CC}}{R_{B1}+R_{B2}} R_{B2}$ $I_{CQ} \approx I_{EQ} = \dfrac{U_B - U_{BE}}{R_E}$ $U_{CEQ} \approx U_{CC} - (R_C + R_E) I_{CQ}$ $I_{BQ} = \dfrac{I_{CQ}}{\beta}$ （与共基极相同）	$I_{BQ} = \dfrac{U_{CC} - U_{BE}}{R_B + (1+\beta) R_E}$ $I_{CQ} = \beta I_{BQ}$ $U_{CEQ} = U_{CC} - R_E (1+\beta) I_{BQ}$	$U_B \approx \dfrac{U_{CC}}{R_{B1}+R_{B2}} R_{B2}$ $I_{CQ} \approx I_{EQ} = \dfrac{U_B - U_{BE}}{R_E}$ $U_{CEQ} \approx U_{CC} - (R_C + R_E) I_{CQ}$ $I_{BQ} = \dfrac{I_{CQ}}{\beta}$ （与共基极相同）
A_u	$A_u = \dfrac{u_o}{u_i} = -\beta \dfrac{R_L'}{r_{be}}$ （大）	$A_u = \dfrac{u_o}{u_i} = \dfrac{(1+\beta) R_L'}{r_{be} + (1+\beta) R_L'}$ （小）	$A_u = \dfrac{u_o}{u_i} = \beta \dfrac{R_L'}{r_{be}}$ （大）
r_i	$r_i = R_{B1} /\!/ R_{B2} /\!/ r_{be}$ （中）	$r_i = R_B /\!/ [r_{be} + (1+\beta) R_L']$ （大）	$r_i = \dfrac{u_i}{i_i} = R_E /\!/ \dfrac{r_{be}}{1+\beta}$ （小）
r_o	$r_o = R_C$ （大）	$r_o = R_E /\!/ \dfrac{r_{be}}{1+\beta}$ （小）	$r_o = R_C$ （大）
相位	输出与输入相位相反	输出与输入相位相同	输出与输入相位相同

2.2.5　场效应管及其放大电路

场效应管是一种电压控制的半导体器件，它通过输入信号电压来控制其输出电流，具有输入阻抗很高（可达 $10^8 \sim 10^{15}$）、温度稳定性较好、抗辐射能力强以及制造工艺简单、便于大规模集成等优点，广泛应用于集成电路中。根据结构的不同，场效应管分为结型场效应管和绝缘栅型场效应管两大类。

一、结型场效应管

1. 结构及电路符号

按照导电沟道的不同，结型场效应管分为 N 沟道和 P 沟道两类。图 2-25 为 N 沟道结型场效应管的结构示意图及电路符号。

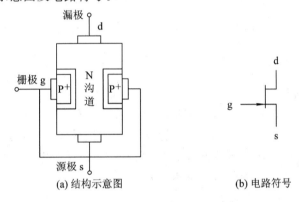

(a) 结构示意图　　　　　　　　(b) 电路符号

图 2-25　N 沟道结型场效应管的结构示意图及电路符号

P 沟道结型场效应管各部分半导体材料与 N 沟道结型场效应管对应相反，其电路符号如表 2-5 所示。

表 2-5　各种类型场效应管的比较

结构种类		结型 N 沟道	结型 P 沟通	绝缘栅型 N 沟道		绝缘栅型 P 沟道	
				增强型	耗尽型	增强型	耗尽型
电路符号		g⊢d s	g⊢d s	g⊢B d s	g⊢B d s	g⊢B d s	g⊢B d s
电压极性	u_{GS}	－	＋	＋	＋、0、－	－	－、0、＋
	u_{DS}	＋	－	＋	＋	－	－
转移特性曲线		i_D, I_{DSS}, $U_{GS(off)}$, u_{GS}	$-i_D$, I_{DSS}, $U_{GS(off)}$, u_{GS}	i_D, $U_{GS(th)}$, u_{GS}	i_D, I_{DSS}, $U_{GS(off)}$, u_{GS}	$-i_D$, $U_{GS(th)}$, u_{GS}	$-i_D$, I_{DSS}, $U_{GS(off)}$, u_{GS}

2. 特性

与三极管一样，场效应管的特性可用特性曲线来表示。图 2-26(a) 为测试 N 沟道结型场效应管特性曲线的接线图。场效应管工作时没有栅极电流。栅极控制电压 u_{GS} 与漏极电

流 i_D（在 u_{DS} 一定时）的关系称为转移特性，如图 2-26(b)所示，与三极管输入特性曲线对应。场效应管的漏极电压 u_{DS} 和漏极电流 i_D（在 u_{GS} 一定时）的关系称为输出特性，如图 2-26(c)所示，对应于三极管的输出特性曲线。

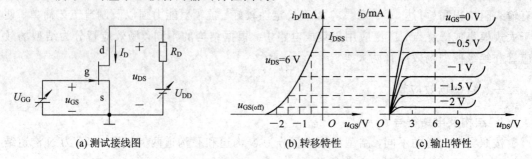

(a) 测试接线图   (b) 转移特性   (c) 输出特性

图 2-26   测试 N 沟道结型场效应管特性曲线接线图及特性曲线

P 沟道结型场效应管的特性与 N 沟道结型场效应管相似，其转移特性如表 2-5 所示。

二、绝缘栅场效应管

1. 结构及电路符号

绝缘栅场效应管也有 P 沟道和 N 沟道两类，每一类又可分为增强型和耗尽型两种。因此，绝缘栅场效应管共有四种：N 沟道增强型、N 沟道耗尽型、P 沟道增强型、P 沟道耗尽型。图 2-27 为 N 沟道增强型绝缘栅场效应管的结构示意图与电路符号。

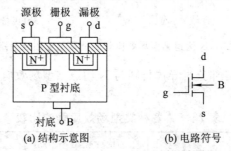

(a) 结构示意图   (b) 电路符号

图 2-27   N 沟道增强型绝缘栅场效应管的结构示意图与电路符号图

P 沟道增强型绝缘栅型场效应管各部分材料与 N 沟道对应相反，电路符号如表 2-5 所示。图 2-28 为 N 沟道耗尽型绝缘栅场效应管的结构示意图与电路符号。

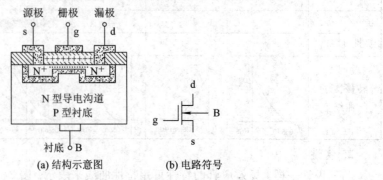

(a) 结构示意图   (b) 电路符号

图 2-28   N 沟道耗尽型绝缘栅场效应管的结构示意图与电路符号图

P 沟道耗尽型绝缘栅型场效应管各部分材料与 N 沟道对应相反，电路符号如表 2-5 所示。由于绝缘栅场效应管是由金属、氧化物和半导体三种材料构成，所以绝缘栅场效应管又称 MOS 管。

2. 特性

无论增强型场效应管还是耗尽型场效应管，也无论 N 沟道还是 P 沟道，所有绝缘栅场效应管的特性与结型场效应管的特性大体相同，不同的只是所加 u_{GS} 与 u_{DS} 的极性不同而已。各种类型场效应管电路符号、所加电压极性以及转移特性曲线如表 2-5 所示。

三、场效应管放大电路

利用场效应管栅源电压 u_{GS} 控制漏极电流 i_D 的特性，可以构成场效应管放大电路，如图 2-29 所示。和三极管放大电路一样，场效应管放大电路由偏置电路给场效应管提供合适的偏压，建立一个适当的静态工作点，使管子工作在线性放大区。根据管子类型的不同，偏置电路各有差异。

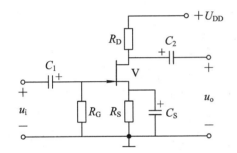

(a) N 沟道结型场效应管共源放大电路

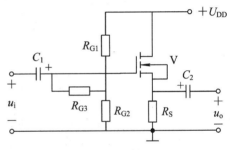

(b) N 沟道增强型场效应管共漏放大电路

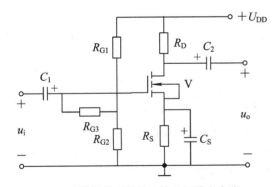

(c) N 沟道增强型场效应管共源放大电路

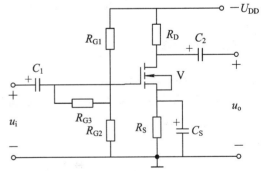

(c) P 沟道增强型场效应管共漏放大电路

图 2-29 场效应管放大电路

2.3 项目实施

2.3.1 共射极单管放大电路测试训练

一、训练目的

(1) 掌握放大电路静态工作点的调试方法，观察并分析静态工作点对输出波形失真的影响；

（2）掌握放大电路电压放大器倍数、输入电阻、输出电阻及最大不失真输出电压等动态参数的测试方法；

（3）熟悉电子仪器在电子测量中的实际应用。

二、训练说明

图 2-30 为常见的电阻分压式、可以稳定工作点的共射极单管放大电路的实验电路，由于引入了直流电流负反馈，该电路具有自动稳定静态工作点的优点。

由于电子元器件性能参数的分散性较大，因此在设计、制作和维修晶体管放大电路时离不开测量和调试技术，放大电路的测量和调试内容一般包括放大电路的静态工作点的测量与调试以及放大电路各项动态参数的测量与调试等。

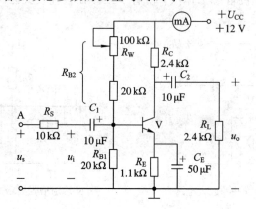

图 2-30　共射极单管放大电路的实验电路

三、训练内容

1. 调试静态工作点

先将直流稳压电源调至 12 V，然后按图 2-30 所示接入电路。调节 R_W 使 $I_C = 2.0$ mA（即使 $U_E = 2.0$ V），用直流电压表测量 U_B、U_E、U_C 及用万用表测量 R_{B2} 值，结果记入表 2-6 中。

表 2-6　静态工作点的数值

测量值				计算值		
U_B/V	U_E/V	U_C/V	R_{B2}/kΩ	U_{BE}/V	U_{CE}/V	I_C/mA

2. 测量电压放大倍数

在放大电路的输入端加入频率为 1 kHz 的正弦信号 u_s，调节信号发生器的输出细调旋钮使 B 点对地电压 $U_i = 10$ mV，同时用示波器观察放大电路输出电压 u_o 的波形，在波形不失真的条件下用交流毫伏表测量下述三种负载的 u_o 值，结果记入表 2-7 中。注意输出的失真波形如图 2-31 所示。

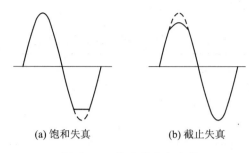

(a) 饱和失真   (b) 截止失真

图 2 - 31 输出的失真波形

表 2 - 7 电压放大倍数及输入、输出波形

$R_C/k\Omega$	$R_L/k\Omega$	U_o/V	A_u	观察记录一组 u_i 和 u_o 波形
2.4	∞			
1.2	∞			
2.4	2.4			

3. 观察静态工作点对输出波形失真的影响

在上述静态条件下($I_C = 2.0$ mA),置 $R_C = 2.4$ kΩ,$R_L = \infty$,逐渐加大输入信号 u_i,使输出电压波形足够大但不失真。保持输入信号不变,分别增大和减小 R_W 的阻值,改变静态工作点使输出波形出现截止或饱和失真,分别绘出 u_o 的波形,并测量出相对应的 I_C 和 U_{CE} 值,记入表 2 - 8 中,注意每次测量 I_C 和 U_{CE} 时均须将信号源关闭。

表 2 - 8 静态、工作对输出波形失真的影响

I_C/mA	U_{CE}/V	u_o 波形	失真情况	管子工作状态
2.0				

4. 测量最大不失真输出电压

仍置 $R_C = 2.4$ kΩ,$R_L = \infty$。将输入电压 u_i 从 0 开始逐渐加大,同时用示波器观测输出电压 u_o 的波形,待输出波形出现缩顶或削底失真时,调节 R_W 使失真消除,然后再增大输入信号使输出波形出现失真,再调节 R_W 使失真消除,如此反复调节直至输出波形将要同时出现缩顶和削底失真时,此时的输出电压就是放大器的最大不失真输出电压,而此时对应的静态工作点也称为最佳静态工作点,测试相应数据记入表 2 - 9 中。

表 2 - 9 最大不失真输出电压

I_C/mA	U_{im}/V	U_{om}/V	U_{opp}/V

5. 测量输入电阻

在上述状态下,用交流毫伏表测出信号源电压 U_s 和放大器输入电压 U_i,记入表

2-10中。

表 2-10 输入、输出电阻的测量

U_s/mV	U_i/mV	$r_i/k\Omega$		U_L/V	U_o/V	$r_o/k\Omega$	
		测量值	计算值			测量值	计算值

6. 测量输出电阻

在上述状态下，用交流毫伏表分别测量出 $R_L = \infty$ 和 $R_L = 2.4$ kΩ 时对应的输出电压 U_o 和 U_L 记入表 2-10 中。

2.3.2 射极跟随器测试训练

一、训练目的

(1) 掌握射极跟随器的特性及测试方法；
(2) 进一步熟悉放大电路各项参数的测量方法。

二、训练说明

射极跟随器的原理图如图 2-32 所示，它是一个电压串联负反馈放大电路，该电路具有输入电阻高、输出电阻低、电压放大倍数接近 1，且输出电压能够在较大范围内跟随输入电压作线性变化，以及输入、输出信号同相等特点。射极跟随器的测试内容和方法与单管共射极放大电路基本相同。

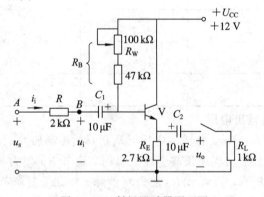

图 2-32 射极跟随器原理图

三、训练内容

1. 调试静态工作点

接通 +12 V 直流电源，在电路输入端 B 点加入 $f = 1$ kHz 的正弦信号，电路输出端用示波器显示输出波形，反复调整 R_W 的大小及信号源的输出幅度，使在示波器的屏幕上得到一个最大不失真输出波形，然后断开输入信号（即 $u_i = 0$），用直流电压表测量晶体管各电极对地电位，所测数据记入表 2-11 中。

表 2 - 11　静态工作点的数值

U_E/V	U_B/V	U_C/V	$I_E=\dfrac{U_E}{R_E}/mA$

2. 测量电压放大器倍数 A_u

接入负载 $R_L=1\ k\Omega$，在电路输入端 B 点加入 $f=1\ kHz$ 的正弦信号 u_i，调节输入信号的幅度并同时用示波器观察输出电压 u_o 的波形，在输出最大不失真情况下，用交流毫伏表测量 U_i、U_L 值。所测数据记入表 2 - 12 中。

表 2 - 12　电压放大倍数

U_i/V	U_L/V	$A_u=\dfrac{U_L}{U_i}$

3. 测量输出电阻 r_o

接上负载 $R_L=1\ k\Omega$，在电路 B 点加入 $f=1\ kHz$ 的正弦信号 u_i，用示波器显示输出波形，在波形不失真的条件下用交流毫伏表测量空载输出电压 U_o 和带负载输出电压 U_L，记入表 2 - 13 中。

表 2 - 13　输出电阻

U_o/V	U_L/V	$r_o=\left(\dfrac{U_o}{U_L}-1\right)R_L/k\Omega$

4. 测量输入电阻 r_i

在电路 A 点加入 $f=1\ kHz$ 的正弦信号 U_s，用示波器显示输出波形，在波形不失真的情况下用交流毫伏表分别测出 A、B 点对地的电压 U_s、U_i 记入表 2 - 14 中。

表 2 - 14　输入电阻

U_s/V	U_i/V	$r_i=\dfrac{U_i R}{U_s-U_i}/k\Omega$

5. 测试跟随特性

接入负载 $R_L=1\ k\Omega$，在电路 B 点加入 $f=1\ kHz$ 的正弦信号，用示波器显示跟随器输出波形，逐渐增大输入信号 u_i 的幅度直至输出波形达到最大不失真时，用交流毫伏表测量对应的 U_i 及 U_L 记入表 2 - 15 中。

表 2 - 15　测量跟随特性

U_i/V	
U_L/V	

2.3.3 项目操作指导

1. 项目电路关键点正常电压数据

(1) 三极管静态工作点：$U_B \approx 2.5\ \text{V}$，$U_E \approx 1.8\ \text{V}$，$U_C \approx 7.7\ \text{V}$。

(2) 交流电压放大倍数：$A_u = 10 \sim 100$。

2. 故障检修技巧提示

(1) 静态工作点不正常；

(2) 信号弱或无信号输出。

2.4 项目总结

(1) 三极管按结构分为 NPN 型和 PNP 型两类。但无论何种类型，内部都包含三个区、两个结，并由三个区引出三个电极。

三极管是放大元件，主要是利用基极电流控制集电极电流实现放大作用。实现放大的外部条件是：发射结正向偏置，集电结反向偏置。

三极管的输出特性曲线可划分为三个区：饱和区、放大区和截止区。描述三极管放大作用的重要参数是电流放大系数 β。

(2) 一个完整的放大电路通常由原理性元件和技术性元件两大部分组成。原理性元件组成放大电路的基本电路：一是由串联型或分压式完成的直流偏置电路，二是经电容耦合分为共射、共集、共基三种接法的交流通路。技术性元件是为完成放大器的特定功能而设定的。

(3) 具有射极交流电阻的共射极和共基极放大电路的电压放大倍数计算公式相同。若无射极交流电阻时，令电压放大倍数的计算公式中 R_E 为零即可。共集电极电路的电压放大倍数小于且略等于 1。u_o 与 u_i 的相位关系是：在共射极放大电路中，二者反相，A_u 为负；在同集电极和共基极的放大电路中，二者同相，A_u 为正。

(4) 放大电路的输入电阻越大，表示放大电路从信号源或前级放大电路索取的信号电流越小，通常情况下 r_i 大些好。共集电极电路的 r_i 最大，共基极电路的 r_i 最小。

放大电路的输出电阻 r_o 越小，表明带负载的能力强，通常情况下 r_o 小些好。共集电极电路的 r_o 最小，共射极和共基极电路的 r_o 都比较大。

(5) 放大电路不但要有正确的直流偏置电路，而且直流工作点的设置必须适合，否则输出会产生失真现象。

练习与提高

一、判断下列说法是否正确

1. 通常 NPN 型三极管是由硅材料制成的。（   ）

2. 任何放大电路都有功率放大作用。（   ）

3. 由于共射极放大电路放大的是变化量，所以输入直流信号时，该放大电路的输出量都没有变化。（   ）

4. 放大电路输出的电压和电流都是由有源元件提供的。（ ）

二、填空

1. 三极管是一种_____控制器件，它由_____PN 结构组成，具有_____和_____的作用。三极管有_____、_____、_____与_____四种工作状态。

2. 三极管具有电流放大作用的实质是利用_____电流实现对_____电流的控制。

3. 三极管用于电流放大，应使发射结处于_____偏置，集电结处于_____偏置。

4. 三极管在电路中的三种基本连接方式分别是_____、_____、_____。

5. 温度升高时，三极管的电流放大系数 β _____，反向饱和电流 I_{CBO} _____，发射结正向导通电压 U_{BE} _____。

6. 放大电路的主要性能指标有：_____、_____等。

三、综合题

1. 放大电路和三极管的输出特性曲线如图 2-33 所示，已知 $U_{CC}=12$ V，$R_C=3$ kΩ，$R_B=240$ kΩ。试求：

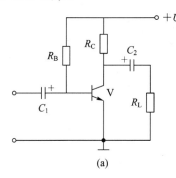
(a)

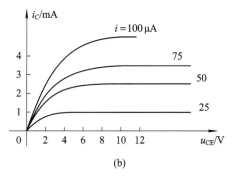
(b)

图 2-33 综合题 1

（1）用图解法确定静态工作点 Q；

（2）若输出端开路，输入交流信号 $i_b=25\sin\omega t$ mA，试作出交流负载线，并用图解法求出输出电压 u_o；

（3）若输出端负载带 $R_L=6$ kΩ 的负载电阻，再作交流线，并求不失真最大输出电压 u_o。

2. 为什么要稳定放大电路的静态工作点？

3. 分压式工作点稳定放大电路是怎样稳定电路静态工作点的？

4. 温度是怎样影响放大电路静态工作点的？当温度上升时，三极管静态工作点 Q 将怎样变化？

5. 什么是线性失真？什么是非线性失真？它们各具什么特点？

6. 放大电路中的信号失真分哪几种类型？它们是由什么原因产生的？

7. 三极管的主要特性参数有哪些？

8. 三极管放大电路中"放大"的实质是什么？能不能说"放大就是能量的放大"？

9. 画出三极管共射极基本放大电路图,并指出各元件的作用。

10. 三极管的基本特性是什么?模拟电子电路主要利用的是三极管的什么特性?

11. 试分析三极管单管放大电路的工作原理及每个元器件的作用。

12. 射极输出器具有怎样的电路特性?它有哪些作用?

13. 共基极放大电路如图 2 - 34 所示,已知 $R_{B1} = R_{B2} = 60$ kΩ,$R_C = 2.1$ kΩ,$R_E = R_L = 2.1$ kΩ,$U_{CC} = 15$ V,$R_S = 50$ kΩ,$\beta = 100$,$U_{BE} = 0.7$ V。试求:

(1) 电路的静态工作点;

(2) 对 u_i 的电压放大倍数 A_u、输入电阻 r_i 和输出电阻 r_o;

(3) 对信号源的电压放大倍数 A_{us}。

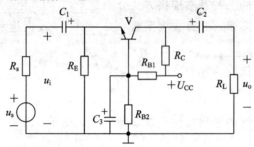

图 2 - 34 综合题 13

项目三　多级负反馈放大电路的制作与调试

【知识目标】

(1) 了解多级放大电路级间耦合方式及特点；

(2) 理解多级放大电路与单级放大电路在主要性能指标上的关系；

(3) 掌握负反馈放大电路的基本组成、分类及电路特性；

(4) 理解负反馈对放大电路特性的影响；

(5) 掌握电路中负反馈的判断方法。

【能力目标】

(1) 能识别传声器、线路输入插座并学会检测；

(2) 能对多级放大电路进行安装、调试及检修；

(3) 能对负反馈放大电路进行安装、调试及检修；

(4) 能使用示波器观测放大电路波形。

3.1　项目描述

在实际的电子设备中，单级放大电路很少单独应用，而是常常将多个单级基本放大电路进行适当组合，构成多级放大电路以满足电子设备对电路放大倍数、输入电阻和输出电阻等要求。另一方面，在实际应用中，为了改善单级或多级放大电路的性能，提高电路工作的稳定性，常常会在电路中加入一定的负反馈支路，构成负反馈放大电路。

本项目任务就是按照实际电气设备对信号的放大要求，制作一个多级负反馈放大电路——录音机前置放大电路。

3.1.1　项目学习情境：录音机前置放大电路的制作与调试

图 3-1 所示为录音机前置放大电路整体结构图。该电路由信号输入电路、两级负反馈电压放大电路、信号输出电路、电源去耦电路四部分组成。

(1) 信号输入电路。由线路输入插口 CK_1、外接传声器插口 CK_2 以及电阻器 R_1、R_2 和 R_3，电容器 C_1 构成信号输入电路，将外接线路信号、外接传声器信号输入放大电路的输入端。

(2) 两级负反馈电压放大电路。由三极管 V_1、V_2 及其外围元件构成两级负反馈电压放大电路，对输入信号进行放大。

(3) 信号输出电路。由电阻器 R_{10}、电位器 R_{p2}、电容器 C_6 构成信号输出电路，将放大电路输出的放大信号提供给后续的功率放大电路。

（4）电源去耦电路。由电容器 C_7、电阻器 R_{11} 与电容器 C_8、电阻器 R_{12} 与电容器 C_9 构成电源去耦电路，用来消除级与级、级与电源之间的共电耦合。

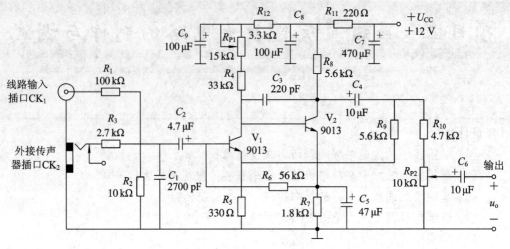

图 3-1 录音机前置放大电路整体结构图

3.1.2 电路元器件参数及功能

录音机前置放大电路元器件参数及功能如表 3-1 所示。

表 3-1 录音机前置放大电路元器件参数及功能

序号	元器件代码	名称	型号及参数	功　　能
1	CK$_1$	插口	——	信号输入：外接音频线路
2	CK$_2$	插口	——	信号输入：外接话筒
3	R_1 R_2	电阻器 电阻器	RJ11，0.25 W，100kΩ RJ11，0.25 W，10 kΩ	衰减：减小外接音频信号输入
4	R_3 C_1	电阻器 电容器	RJ11，0.25 W，2.7 kΩ CC11，63 V，200 pF	滤波：滤除音频信号中高频噪声
5	C_2	电容器	CD11，16 V，4.7 μF	耦合外接输入交流信号，隔离三极管偏置的直流信号
6	V$_1$、V$_2$	三极管	9013	电流放大
7	R_4 R_{P1}	电阻器 电位器	RJ11，0.25 W，33 kΩ WS，0.5 W，15 kΩ	既是 V$_1$ 集电极的负载，又是 V$_2$ 基极偏置电阻、电位器
8	R_5	电阻器	RJ11，0.25 W，330 Ω	V$_1$ 发射极偏置、负反馈电阻
9	C_3	电容器	CC11，63 V，220 pF	高频负反馈：减小音频信号中高频噪声
10	C_4	电容器	CD11，16 V，10 μF	耦合电路输出的交流信号，隔离三极管集电极输出的直流信号
11	C_5	电容器	CD11，16 V，47 μF	发射极交流旁路电容

序号	元器件代码	名称	型号及参数	功　　能
12	R_6	电阻器	RJ11, 0.25 W, 56 kΩ	将 V_2 发射极直流信号反馈到 V_1 基极, 形成 V_1 直流负反馈偏置电路
13	R_7	电阻器	RJ11, 0.25 W, 1.8 kΩ	V_2 发射极偏置电阻
14	R_8	电阻器	RJ11, 0.25 W, 5.6 kΩ	V_2 集电极负载电阻
15	R_9	电阻器	RJ11, 0.25 W, 5.6 kΩ	与 R_5 构成两极交流负反馈电路
16	R_{10} R_{P2} C_6	电阻器 电位器 电容器	RJ11, 0.25 W, 4.7 kΩ WTH, 1 W, 10 kΩ CD11, 16 V, 10 μF	信号输出电路: 分压式调节、电容耦合输出
17	C_7	电容器	CD11, 16 V, 470 μF	电源滤波: 稳定电源电压
18	R_{11} C_8	电阻器 电容器	RJ11, 0.5 W, 220 Ω CD11, 16 V, 100 μF	去耦电路: 消除级与级之间共电耦合
19	R_{12} C_9	电阻器 电容器	RJ11, 0.25 W, 3.3 kΩ CD11, 16 V, 100 μF	去耦电路: 消除级与级之间共电耦合
20	$+U_{CC}$	直流电	+12 V、0.5 A	供电: 为放大电路工作提供工作电流

3.2　知 识 链 接

有关本项目的学习, 主要包括以下知识点, 如表 3-2 所示。

表 3-2　项目三各任务链接知识点

学习任务	知　识　点
多级放大电路	多级放大电路的定义、耦合方式、指标计算等
负反馈放大电路	反馈的定义、负反馈放大电路的组态及辨别、负反馈对放大电路性能指标的影响、负反馈电路的计算
差动放大电路	差动放大电路的特点及原理分析

3.2.1　多级放大电路

一、多级放大电路的定义

前面所讲单级放大电路(共发射极、共集电极、共基极), 其电压放大倍数一般为几十至几百, 然而在实际的工作中, 为了放大十分微弱的信号, 要求有更高的放大倍数(达几千倍以上)时, 仅仅由一个基本放大电路来完成是不可能的。为此, 常常需要把多个放大电路连接起来, 组成多级放大电路。我们把每一个基本放大电路称为一"级", 把包含多个单级放大电路的电子线路就称为多级放大电路。多级放大电路一般由输入级、中间级和输出级三部分组成，如图 3－2 所示。

图 3－2　多级放大电路的组成框图

各部分的作用如下所述。

输入级：将信号源的信号有效、可靠并尽可能大地引入到电路中进行放大。输入级与信号源的性质有关。例如，当输入信号源为高内阻电压源时，则要求输入级也必须有高的输入电阻，以减少信号在内阻上的损失；当输入信号源为电流源时，为了充分利用信号电流，则要求输入级有较低的输入电阻。一般常用的输入级电路是射极输出器。

中间级：主要任务是电压放大，即将信号电压不失真地放大到一定的幅值。多级放大电路的放大倍数，主要取决于中间级，它本身就可能由几级放大电路组成。

输出级：主要用来推动负载（扬声器、电机等）。一般是大信号放大电路，即功率放大电路。

二、多级放大电路的耦合方式

多级放大电路内部各级之间的连接，称为耦合。多级放大电路的耦合方式有四种：阻容耦合、直接耦合、变压器耦合、光电耦合。具体的多级放大电路的耦合方式如图 3－3 所示。

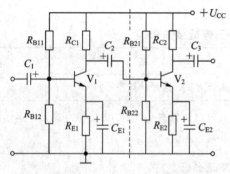

(a) 两级阻容耦合的三极管放大电路结构图

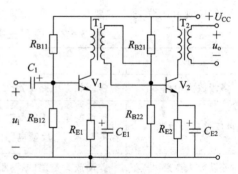

(b) 两级变压器耦合的三极管放大电路结构图

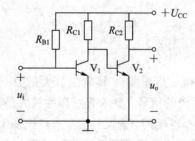

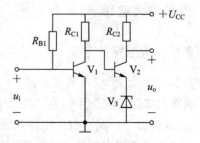

(c) 两级直接耦合的三极管放大电路结构图

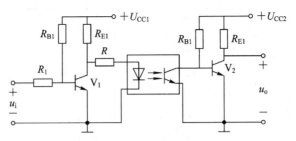

(d) 两级光电耦合的三极管放大电路结构图

图 3-3　多级放大电路的耦合方式

阻容耦合电路的基本特点是通过电容元件 C_2 传输交流信号。阻容耦合电路的各级静态工作点相互独立，互不影响，便于调整，但不能耦合直流信号，而且在集成电路中制造容量较大的耦合电容也非常困难，甚至不可能，所以这种耦合方式不便于集成化，主要应用在低频、高频放大电路中。

变压器耦合电路的基本特点是变压器为耦合元件，通过磁路的耦合作用将一次端的交流信号传递到二次端。变压器耦合电路和阻容耦合电路相比，主要特性相差无几，同样是各级静态工作点相互独立，互不影响，便于调整。但变压器不能耦合直流信号，体积较大，不便于集成。但变压器耦合具有可变电压和实现阻抗变换的功能，常常用在功率放大电路中实现电路与负载的阻抗匹配。

直接耦合电路的基本特点是可以直接传递直流信号。但这种电路又带来了各级静态工作点相互影响的新问题，尤其在环境温度变化时，可能导致三极管进入截止区或饱和区，使放大电路无法正常工作。直接耦合电路的各级静态工作点调试困难，但这种电路便于集成，在集成电路中应用较广。

光电耦合电路的基本特点是利用电-光元器件与光-电元器件之间的光信号耦合实现级与级之间的信号连接。光电耦合电路之间仅仅存在光信号的联系，而没有电信号的联系，因此常常用于计算机之间的信号传递、网络终端设备与主机之间的远程通信等。

三、多级放大电路的主要性能指标

多级放大电路的主要性能指标与单级放大电路相同，主要有以下几个。

(1) 电压放大倍数 A_u。多级放大电路的电压放大倍数是各级放大电路电压放大倍数的乘积。

(2) 输入电阻 r_i。多级放大电路的输入电阻等于第一级放大电路的输入电阻。

(3) 输出电阻 r_o。多级放大电路的输出电阻等于最后一级放大电路的输出电阻。

四、多级放大电路的分析

以两级阻容耦合放大电路为例进行分析，其分析思路和单级放大电路相同，包括静态分析和动态分析两方面，电路如图 3-4 所示，电路中 C_2 的作用是隔断直流信号、通过交流信号，将第一级放大后的信号传送到第二级再放大。

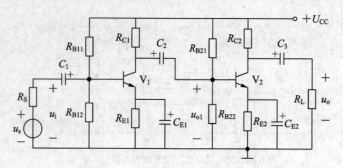

图 3-4 两级阻容耦合放大电路

1. 静态分析

静态分析的步骤是先画直流通路,再求静态工作点(即 Q 点)。

由于各级之间有隔直电容的存在,因此各级静态工作点(即 Q 点)互不影响,只需分别计算,计算方法同单级放大电路,这里不再赘述。

2. 动态分析

动态分析的步骤是先画交流通路,再求动态参数(A_u、r_i、r_o)。

(1) 电压放大倍数 A_u。

$$A_u = \frac{u_o}{u_i} = \frac{u_{o1}}{u_i} \cdot \frac{u_{o2}}{u_{i2}} = A_{u1} \cdot A_{u2}$$

推广:n 级放大电路的电压放大倍数

$$A_u = A_{u1} \cdot A_{u2} \cdot A_{u3} \cdots A_{un}$$

【说明】 计算前一级的电压放大倍数时需要考虑后一级的输入电阻,后级的输入电阻 r_i 是前级的负载电阻 R_L,即 $R'_{L1} = R_{C1} // r_{i2}$

故第一级电压放大倍数

$$A_{u1} = -\frac{\beta_1 R'_{L1}}{r_{be1}}$$

同理,求第二级电压放大倍数时,需要将第三级的输入电阻作为第二级的负载电阻。

另外,多级放大电路的电压放大倍数可以用分贝表示。多级放大器的电压放大倍数等于各级电压放大倍数相乘,所以多级放大器的放大倍数递增速率远远高于级数的增加。如两级放大器,若每级放大倍数均为 100,则 $A_u = 100 \times 100 = 10\ 000$ 倍。在通信及音响系统中,人耳对声音的感觉远远小于放大倍数的增加,或者说,多级放大器的电压放大倍数增加速率及不符合人的感观体验。为了解决这一矛盾,人们把电压放大倍数用"分贝"(dB)表示,即

$$A_u(\text{dB}) = 20 \lg \left| \frac{U_o}{U_i} \right| (\text{dB})$$

(2) 输入电阻 r_i。

多级放大电路的输入电阻等于第一级的输入电阻,即 $r_i = r_{i1}$。

(3) 输出电阻 r_o。

多级放大电路的输出电阻等于最后一级的输出电阻,即 $r_o = r_{on}$。

3.2.2 负反馈放大电路

反馈的现象和应用在前面我们已经遇到过。由此可见,如欲稳定电路某个输出电量,

则应采取措施将该电量反馈回电路输入端。这样一来，当由于某因素引起某输出电量发生变化时，这种变化将反映到放大电路的输入端，从而牵制该输出电量的变化，使之基本保持稳定。

一、反馈的定义

反馈又称"回授"，就是把放大器的输出量（电压或电流）的一部分或全部，通过一定的方式送回到放大器的输入端的过程，表示这一过程的方框图如 3-5 所示。

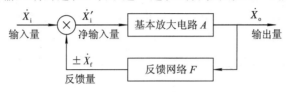

图 3-5　反馈放大电路框图

图中，"→"表示信号传输方向；"⊗"表示信号叠加，即

$$\dot{X}'_i = \dot{X}_i \pm \dot{X}_f$$

反馈放大电路的工作过程可描述为：通过适当的取样网络对输出信号 $\dot{X}_o$ 进行取样，取样信号通过反馈网络成为反馈信号 $\dot{X}_f$，这个反馈信号借助于比较网络同外加输入信号 $\dot{X}_i$ 进行比较，比较后的净输入信号 $\dot{X}'_i$ 加到基本放大电路的输入端，通过基本放大电路放大后输出。

下面介绍几个概念与定义。

取样：把输出信号的一部分取出的过程，称为取样。

比较：把输入量与反馈量叠加的过程，称为比较。

闭环放大器：把引入了反馈的放大器叫做闭环放大器。

开环放大器：把未引入反馈的放大器叫做开环放大器。

定义：$\dot{A} = \dfrac{\dot{X}_o}{\dot{X}'_i}$，$\dot{A}$ 开环放大倍数（即基本放大器的放大倍数）；

$\dot{F} = \dfrac{\dot{X}_f}{\dot{X}_o}$，$\dot{F}$ 称为反馈系数；

$\dot{A}_f = \dfrac{\dot{X}_o}{\dot{X}_i}$，$\dot{A}_f$ 称为闭环放大倍数。

二、反馈的类型及判别

1. 正反馈与负反馈

根据反馈极性的不同，反馈可以分为正反馈和负反馈。

正反馈：使放大电路净输入量增大的反馈。表示为 $\dot{X}'_i = \dot{X}_i + \dot{X}_f$，即 $\dot{X}'_i > \dot{X}_i$。

负反馈：使放大电路净输入量减小的反馈。表示为 $\dot{X}'_i = \dot{X}_i - \dot{X}_f$。

为了判断引入的是正反馈还是负反馈，可以采用瞬时极性法。先假定反馈放大电路的输入信号处于某一个瞬时极性（在电路图中用符号（＋）和（－）来表示瞬时极性的正和负，即该点瞬时信号的变化为升高或降低），然后依照信号传输方向逐级推出电路其他有关各点瞬时信号的变化情况，最后判断反馈信号 $\dot{X}_f$ 的瞬时极性是增强还是削弱原来的输入信号 $\dot{X}_i$。

2. 直流反馈与交流反馈

直流反馈：反馈量$\dot{X}_f$中只包含直流成分的反馈（或仅在直流通路中存在的反馈），引入直流反馈的目的是为了稳定静态工作点。

交流反馈：反馈量$\dot{X}_f$中只包含交流成分的反馈（或仅在交流通路中存在的反馈），引入交流反馈的目的是为了改善放大电路的交流性能。

在很多放大电路中，常常是交、直流反馈并存。

3. 串联反馈与并联反馈

按比较方式的不同，可分为串联反馈与并联反馈，电路结构如图3-6所示。

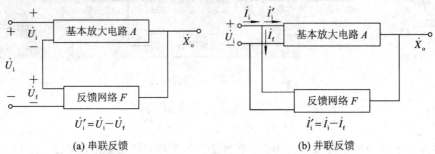

(a) 串联反馈   (b) 并联反馈

图3-6　串、并联反馈电路结构图

串联反馈：反馈信号使净输入电压变化的反馈。

并联反馈：反馈信号使净输入电流变化的反馈。

判断串、并联反馈的方法：根据反馈网络与放大电路的连接关系来判断。除了公共接地端外，若反馈网络的另一个端子与放大电路的信号输入端相连，则为并联反馈，否则为串联反馈。

4. 电压反馈与电流反馈

按取样方式的不同，可分为电压反馈和电流反馈，电路结构如图3-7所示。

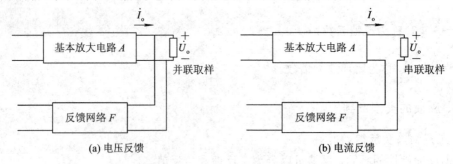

(a) 电压反馈   (b) 电流反馈

图3-7　电压、电流反馈电路结构图

电压反馈：反馈信号与输出端电压成正比的反馈。

电流反馈：反馈信号与输出端电流成正比的反馈。

判断电压、电流反馈方法：

(1) 根据定义判断，即输出短路法和输出开路法；

(2) 根据电路结构判断，即先画出电路的交流通路，再观察反馈网络与放大电路输出端的连接关系，除公共端外，若反馈网络与$\dot{U}_o$输出端相连，则为电压反馈，反之为电流反馈。

例 3.1 判断图 3-8 电路的反馈类型和性质。

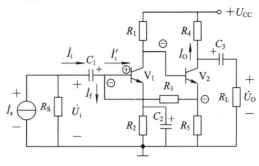

图 3-8 例 3.1 图

解：输出端假想短路，输出电流仍然流动，经 R_3 和 R_5 分流后，R_3 上的电流对放大器输入端产生作用，故是电流反馈；将输入端假想短路，R_3 左端接地，反馈作用消失，故是并联反馈。

在判断并联反馈的极性时，把输入电流 $\dot{I}_i$ 看做常数，$\dot{I}_f + \dot{I}_i' = \dot{I}_i$。三极管基极电流就是基本放大器输入电流 $\dot{I}_i'$。判断过程如下：

$$\dot{U}_i \uparrow \rightarrow \dot{I}_i' \uparrow \rightarrow \dot{U}_{E1} \downarrow \rightarrow \dot{I}_{E2}(-\dot{I}_o) \downarrow \rightarrow \dot{I}_f \uparrow \rightarrow \dot{I}_i' \downarrow$$

由上述判断过程可以清楚地看出，电路引入的是负反馈。在用瞬时极性法判定正、负反馈时，应该沿基本放大器到输出端，再沿反馈网络返回输入端这样的途径来确定反馈极性。

三、负反馈放大电路的四种组态

由以上分析可知，根据取样方式和比较方式的不同，负反馈放大电路有四种组态：串联电压负反馈；串联电流负反馈；并联电压负反馈；并联电流负反馈。

对于负反馈：

因为

$$\dot{X}_i' = \dot{X}_i - \dot{X}_f$$

所以

$$\dot{X}_i = \dot{X}_i' + \dot{X}_f$$

又因为

$$\dot{X}_f = \dot{F}\dot{X}_o, \quad \dot{X}_i' = \frac{\dot{X}_o}{\dot{A}}$$

所以

$$\dot{A}_f = \frac{\dot{X}_o}{\dot{X}_i} = \frac{\dot{X}_o}{\dot{X}_i' + \dot{X}_f} = \frac{\dot{X}_o}{\dfrac{\dot{X}_o}{\dot{A}} + \dot{X}_o \dot{F}} = \frac{\dot{A}}{1 + \dot{A}\dot{F}}$$

式中，$\dot{A}_f$ 表示闭环放大倍数（环路放大倍数）；$1 + \dot{A}\dot{F}$ 表示反馈深度，其大小反映了反馈的强弱程度。

对于不同的反馈组态，$\dot{A}_f$ 的意义是不同的。对于电压串联反馈，$\dot{A}_f$ 指输出电压与输入电压之比；对于电压并联反馈，$\dot{A}_f$ 指输出电压与输入电流之比；对于电流串联反馈，$\dot{A}_f$ 指输出电流与输入电压之比；对于电流并联反馈，$\dot{A}_f$ 指输出电流与输入电流之比。

由上式可以看出：

(1) 放大电路采用负反馈连接方式时，即当 $|1+\dot{A}\dot{F}|>1$ 时，$|\dot{A}_f|<|\dot{A}|$。这表明，引入负反馈后，放大倍数下降了。当 $|1+\dot{A}\dot{F}|\gg1$ 时，为深度负反馈，此时 $\dot{A}_f\approx\dfrac{1}{\dot{F}}$，反馈放大电路的闭环增益几乎与基本放大电路的 $\dot{A}$ 无关，仅与反馈网络的反馈系数有关。反馈网络一般由无源线性元件构成，性能稳定，故 $\dot{A}_f$ 也比较稳定。由此可见，在设计放大电路时，为了提高稳定性，总是把 $|\dot{A}|$ 做得很大，以便引入深度负反馈。

(2) 当 $|1+\dot{A}\dot{F}|<1$ 时，$|\dot{A}_f|>|\dot{A}|$，即闭环增益增加，电路转为正反馈，这将使电路性能不稳定。

(3) 当 $|1+\dot{A}\dot{F}|=0$，则 $|\dot{A}_f|\to\infty$，即反馈放大电路在没有输入信号 ($\dot{X}_i=0$) 时，也产生输出信号 ($\dot{X}_o\neq0$)，这种现象叫做自激振荡，简称自激。自激使放大电路失去放大作用，但有时为了产生各种电压或电流波形，我们也有意识地使反馈放大电路处于自激振荡状态。

上述分析指出，$1+\dot{A}\dot{F}$ 对反馈放大电路性能的影响很大。因此将 $1+\dot{A}\dot{F}$ 叫做反馈深度，而反馈深度数量上的变化，将引起反馈电路质的变化，故 $1+\dot{A}\dot{F}$ 是一个重要的参数。

四、负反馈对放大电路性能的影响

放大电路中引入负反馈后，虽使放大倍数有所下降，但却能获得放大电路多方面性能的改善。诸如，放大倍数稳定性的提高、非线性失真的减小、频带的展宽、干扰抑制以及根据需要可灵活地改变放大电路的输入电阻和输出电阻等。下面将分别加以讨论，并研究它们与反馈深度之间的关系。

1. 负反馈提高增益的稳定性

通过前两章的学习可知，环境温度、电源电压、电路元器件参数和特性的变化，都会使放大电路的放大倍数发生改变，而负反馈则能大大提高放大倍数的稳定性。

当反馈放大电路的反馈深度很大，即 $|\dot{A}\dot{F}|\gg1$ 时，$\dot{A}_f\approx\dfrac{1}{\dot{F}}$。此式表明在深度负反馈时，负反馈放大电路的电压放大倍数 $\dot{A}_f$ 与基本放大电路的电压放大倍数 $\dot{A}$ 无关，而决定于反馈网络的反馈系数 $\dot{F}$。如果反馈网络是由纯电阻元件组成的，$\dot{F}$ 是一常数，那么 $\dot{A}_f$ 不仅十分稳定，而且与频率无关。

2. 负反馈展宽放大电路的频带

根据负反馈对放大倍数稳定性的改善，很容易得出负反馈能使放大电路的频带展宽的结论。因为对于使放大倍数变化的不同频率的信号而言，它的作用和其他参数变化所造成的影响是一致的，图 3-9 给出了有反馈和无反馈时两种情况的频率响应曲线。图中 f_L 和 f_H 指未加负反馈时的上、下限频率。f_{Lf} 和 f_{Hf} 分别指加负反馈时的上、下限频率。

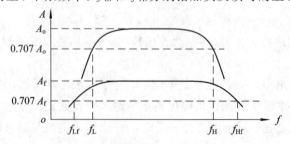

图 3-9　负反馈展宽放大电路的频带

3. 负反馈减少非线性失真和抑制干扰

由于三极管的非线性，当放大电路的静态工作点选择不当或输入信号幅值过大时，会造成输出信号的非线性失真，如图 3-10(a)所示。引入负反馈后，可将输出端失真后的信号送回到输入端，使净输入信号发生某种程度的预先失真，经放大后，输出信号的失真可大大减小，如图 3-10(b)所示。可以证明，加了负反馈后，放大电路的非线性失真可减小 $1+AF$ 倍。

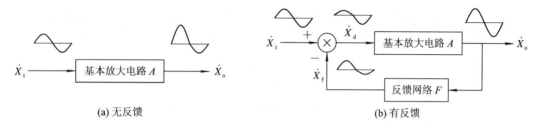

(a) 无反馈   (b) 有反馈

图 3-10 负反馈减少非线性失真

同样道理，不难看出采用负反馈的方式可以抑制由载流子运动所引起的三极管、电阻及外界杂散电磁场和 50 Hz 交流电源的干扰所产生的噪声，噪声可减小到无反馈时的 $\frac{1}{1+AF}$。但必须注意，放大电路引入负反馈后，噪声输出虽然减小了 $1+AF$ 倍，但净输入信号也将减小 $1+AF$ 倍，结果输出端输出信号与噪声的比值(信噪比)并没有提高，因此为了提高信噪比，必须同时提高有用信号，这就要求信号源要有足够的潜力。当放大电路受到干扰时，也可以采用负反馈的办法进行抑制。但是，如果干扰是同输入信号同时混入的，则这种办法将无济于事。

4. 负反馈改变输入电阻和输出电阻

实用放大电路常对其输入电阻和输出电阻提出要求，如为了提高放大电路带负载能力，要求有很低的输出电阻；为了使电路向信号源索取很小的电流，要求有很高的输入电阻；还有的电路要求输入端或输出端有良好的阻抗匹配。采用负反馈可以很好地满足这些要求。

1) 负反馈对放大电路输入电阻的影响

负反馈对放大电路输入电阻的影响，主要取决于输入电路的反馈类型(串联还是并联)。

(1) 串联负反馈使反馈放大电路输入电阻增加。反馈支路在输入端采用串联的方式，会使放大电路的输入电阻增大，引入串联负反馈后，放大电路的输入电阻增大 $1+AF$ 倍。

(2) 并联负反馈使反馈放大电路输入电阻减小。反馈支路在输入端采用并联的方式，会使放大电路的输入电阻减小，引入并联负反馈后，放大电路的输入电阻减小 $1+AF$ 倍。

无论放大电路输出端采用电压反馈还是电流反馈，只要输入端采用串联负反馈方式，其输入电阻都要增加，而与无负反馈时相比较，增加的倍数是反馈深度 $1+AF$；只要输入端采用的是并联负反馈方式，其输入电阻都要减小，减小的倍数也是反馈深度 $1+AF$。

2) 负反馈对输出电阻的影响

(1) 电压负反馈使输出电阻减小。电压负反馈有稳定输出电压的能力，而输出电压稳定就意味着输出电阻小，即电压负反馈使输出电阻减小。

无论放大电路输入端采用串联反馈方式还是并联反馈方式，只要输出端采用电压负反馈的方式，其输出电阻都要减小，与无负反馈时相比，减小 $1+AF$ 倍。因此引入电压负反馈可稳定输出电压及提高带负载的能力。

（2）电流负反馈使负反馈放大电路输出电阻增大。电流负反馈使当放大电路输出端所带负载 R_L 变化时保持输出电流的稳定，其效果就是增大了放大电路输出电阻。

由上面的分析可知，无论输入端采用串联反馈方式还是并联反馈方式，只要输出端采用电流负反馈方式，其输出电阻都要增大，与无反馈时相比较，增大 $1+AF$ 倍。

值得注意的是，上述所求的输出电阻 r_{of} 只是反馈环路内的输出电阻。若要考虑环路外电阻（此电阻接在反馈放大电路输出端，但不是 R_L），那么电路总的输出电阻则是 r_{of} 与该电阻的并联值。

通过以上分析，我们可以看出，负反馈对放大电路工作性能改变的程度，主要取决于反馈深度 $1+AF$，这样反馈深度就是影响放大电路性能的一个很重要的参数，也是反馈放大电路的一个重要技术指标。值得一提的是，引入负反馈后，放大电路的很多指标虽然得到了改善，但是它的放大倍数却降低了。也可以说，放大电路各项性能的改善是靠牺牲放大倍数换取的。

从另一方面来看，反馈深度越大，固然可以使放大电路的性能改善程度越强，但负反馈过深又易引起自激振荡。因此，在设计放大电路时，其反馈深度要适当地选择，既要保证放大电路能有良好的工作性能，又要保证不产生自激振荡。

3.2.3 差动放大电路

一、直接耦合放大电路及零点漂移

采用直接耦合方式的多级放大电路，由于直接耦合使得各级静态工作点（即 Q 点）互相影响，若前级 Q 点发生变化，则会影响到后面各级的 Q 点。由于各级的放大作用，第一级微弱变化的信号经多级放大，使输出端产生很大的信号。由于环境温度的变化而引起工作点的漂移，称为温漂，它是影响直接耦合放大电路性能的主要因素之一。

当放大电路输入短路时，输出将随时间缓慢变化，这种输入电压为零、输出电压偏离零值的变化称为"零点漂移"，简称"零漂"。显然这种输出不能真实地反映输入信号的变化，造成假象，这种假象往往会给电子设备造成错误动作，严重时，将会淹没真正的信号。因此，克服零漂显得十分重要。为了解决零漂，人们采取了多种措施，但最有效的措施之一是采用差动放大电路。

二、差动放大电路

1. 差动放大电路的结构

典型的差动放大电路如图 3-11 所示。

这种电路在结构上的特点是左右两部分电路完全对称。图中 V_1、V_2 是两个型号和特性相同的三极管；电路有两个输入信号 u_{i1} 和 u_{i2}，分别加到三极管 V_1 和 V_2 的基极；输出信号 u_o 从两个三极管的集电极之间取出，这种输出方式称为双端输出。R_E 称为共发射极电阻，可使静态工作点稳定。

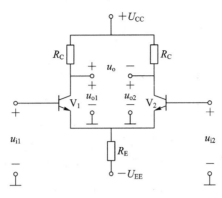

图 3-11　差动放大电路

2. 差动放大电路的工作原理

1) 差动放大电路抑制零点漂移的作用

在静态时，$u_{i1} = u_{i2} = 0$，即在图 3-11 中将两个输入端接地，由于电路左右两边的参数对称，V_1 的输出电压 u_{o1} 等于 V_2 的输出电压 u_{o2}，所以双端输出电压 $u_o = u_{o1} - u_{o2} = 0$。当温度发生变化时，由于电路对称，所引起的两管集电极电流的变化必然相同。例如，温度升高，两管的集电极电流都增大，且有 $\Delta I_{C1} = \Delta I_{C2}$。因此，两管的集电极电压变化量相同 $\Delta U_{o1} = \Delta U_{o2}$，所以输出电压变化量：$\Delta U_o = \Delta U_{o1} - \Delta U_{o2} = 0$。由此可见，温度变化时，尽管两边的集电极电压相应变化，但电路的双端输出电压 u_o 保持为零。

以上分析说明了差动放大电路在零输入时具有零输出；静态时，温度虽有变化，但依然保持零输出，即能抑制"零点漂移"。

2) 对输入信号的分析

如图 3-11 所示，u_{i1} 和 u_{i2} 有下述三种情况：

① 两个输入信号大小相等且极性相同。此时 $u_{i1} = u_{i2} = u_{ic}$，这样的输入称为共模输入，u_{ic} 表示共模输入信号。

② 两个输入信号大小相等而极性相反。此时 $u_{i1} = \frac{1}{2} u_{id}$、$u_{i2} = -\frac{1}{2} u_{id}$，这样的输入称为差模输入，$u_{id}$ 表示差模输入信号。$u_{i1} - u_{i2} = \frac{1}{2} u_{id} - \left(-\frac{1}{2} u_{id} \right) = u_{id}$，也就是加在两个输入端之间的电压即为差模输入信号。

③ 两个输入信号不同。这种输入称为一般输入，此时输入信号可分解为共模分量和差模分量。u_{i1} 和 u_{i2} 的平均值是共模分量 u_{ic}；u_{i1} 和 u_{i2} 的差值是差模分量 u_{id}，即

$$u_{ic} = \frac{1}{2} (u_{i1} + u_{i2})$$

$$u_{id} = u_{i1} - u_{i2}$$

当用 u_{ic} 和 u_{id} 表示两个输入电压时，有

$$u_{i1} = u_{ic} + \frac{1}{2} u_{id}$$

$$u_{i2} = u_{ic} - \frac{1}{2} u_{id}$$

例如，$u_{i1} = 10$ mV，$u_{i2} = 6$ mV，则 $u_{ic} = 8$ mV，$u_{id} = 4$ mV。10 mV 可表示为 8 mV $+ \frac{1}{2}$

(4 mV)，6 mV 可表示为 $8 \text{ mV} - \dfrac{1}{2}(4 \text{ mV})$。

3）差动放大电路的功能

差动放大电路的功能是抑制共模信号输出，只放大差模信号。在共模输入信号的作用下，对于完全对称的差动放大电路来说，由于两管的集电极电位变化量相同，因而输出电压等于零，所以差动放大电路对共模信号没有放大能力，亦即共模放大倍数为零。实际上，前面讲到的差动放大电路对温度漂移的抑制就是该电路抑制共模信号的一个特例。

在差模输入信号 u_{id} 的作用下，两个输入信号电压的大小相等，而极性相反，即 $u_{\text{i1}} = +\dfrac{1}{2}u_{\text{id}}$，$u_{\text{i2}} = -\dfrac{1}{2}u_{\text{id}}$。$u_{\text{i1}}$ 使 V_1 的集电极电流增大了 ΔI_{c1}，V_1 的集电极电位因而减小了 ΔU_{o1}（负值）；u_{i2} 使 V_2 的集电极电流减小了 ΔI_{C2}，V_2 的集电极电位因而增高了 ΔU_{o2}（正值）。这样，两个集电极电位一增一减，$\Delta u_{\text{o}} = \Delta U_{\text{o1}} - \Delta U_{\text{o2}} = 2\Delta U_{\text{o1}}$。可见，在差模输入信号的作用下，差动放大电路两集电极之间的输出电压为两管各自输出电压的两倍。

例如，$\Delta U_{\text{o1}} = -1 \text{ V}$、$\Delta U_{\text{o2}} = 1 \text{ V}$，那么

$$u_{\text{o}} = \Delta U_{\text{o1}} - \Delta U_{\text{o2}} = -1 \text{ V} - 1 \text{ V} = -2 \text{ V}。$$

上述分析说明了完全对称的差动放大电路具有只放大差模信号的功能，因此，如果有下述两种情况的输入信号：一种是 $u_{\text{i1}} = +2 \text{ mV}$、$u_{\text{i2}} = -2 \text{ mV}$；另一种是 $u_{\text{i1}} = 10 \text{ mV}$、$u_{\text{i2}} = 6 \text{ mV}$。由于这两种情况的差模输入信号是相同的（都是 4 mV），所以对于完全对称的差动电路来说，这两种情况下的输出电压是相同的。

输出电压可表示为

$$u_{\text{o}} = A_{ud} \cdot u_{\text{id}} = A_{ud}(u_{\text{i1}} - u_{\text{i2}})$$

式中，A_{ud} 是差动放大器的差模放大倍数。

放大电路两个输入信号中的共模分量对输出电压没有影响。但在一般情况下，差动电路较难做到完全对称，实际的输出电压不仅取决于两个输入信号中的差模分量 u_{id}，而且还与共模分量 u_{ic} 有关。在差模分量和共模分量同时存在的情况下，可利用叠加原理来求出总的输出电压

$$u_{\text{o}} = A_{ud}u_{\text{id}} + A_{uc}u_{\text{ic}} = u_{\text{od}} + u_{\text{oc}}$$

式中 A_{ud} 为差模放大倍数，u_{od} 为差模输出电压，A_{uc} 为共模放大倍数，u_{oc} 为共模输出电压。

在差动放大电路中，差模分量是有用信号，要求对它有较大的放大倍数；而共模分量是需要抑制的，因此它的放大倍数要越小越好。为了全面衡量差动电路放大差模分量和抑制共模分量的能力，通常用共模抑制比 CMRR 来表征：

$$\text{CMRR} = \frac{A_{ud}}{A_{uc}}$$

从上式可知，若 $A_{uc} = 0$，则 CMRR $\to \infty$，这是理想情况。CMRR 这个值越大，表示电路对共模信号的抑制能力越强，此值是衡量差动放大电路性能的一项重要指标。

实际中还常用对数的形式表示共模抑制比，符号为 K_{CMRR}，即

$$K_{\text{CMRR}} = 20 \lg \frac{A_{ud}}{A_{uc}} = 20 \lg A_{ud} - 20 \lg A_{uc}$$

K_{CMRR} 的单位为分贝（dB）。

三、差动放大电路的改进电路

1. 调零电路

为了克服因电路元件参数不可能完全对称而造成的静态时输出电压不为零的现象，在实用的电路中都设计有调零电路，人为地调节放大电路使输入为零时输出也为零。图 3-12 所示是射极调零电路。调节电位器 R_P 可改变 V_1、V_2 的集电极电流，使输出电压为零。调零电阻的取值大约为几十欧到几百欧之间。

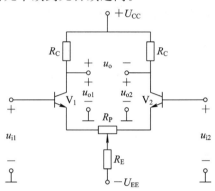

图 3-12   差动放大电路的改进电路——射极调零电路

2. 恒流源差动放大电路

在射极调零差动放大电路中，R_E 越大，抑制温漂的能力越强。但在电源电压一定时，R_E 越大，则 I_{CQ} 越小、放大倍数越小。此外在集成电路中，不易制作高阻值电阻，因此，既要抑制零漂的能力强，又要使放大倍数不要减小很多，这就成为电路最终的改进方向。因为由三极管组成的恒流源电路的动态电阻很大、直流电阻较小，所以，常采用恒流源电路来代替射极电阻 R_E，电路如图 3-13 所示。

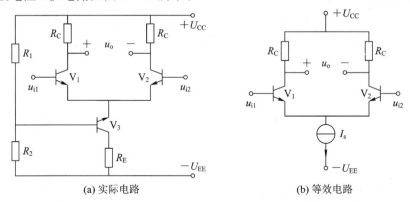

(a) 实际电路   (b) 等效电路

图 3-13   差动放大电路的改进电路——恒流源差动放大电路

四、差动放大电路的输入-输出方式

除了前面已经介绍过的双端输入-双端输出的差动放大电路外，在一些实际应用中，有时要求差动放大电路的输入端有一端接地，此时称为单端输入；有时要求输出端有一端接地，此时称为单端输出。因此差动放大电路还有以下几种输入-输出方式：双端输入-单

端输出；单端输入-双端输出；单端输入-单端输出。在实际应用中，可根据信号源和负载的要求，选择适当的工作方式。

1. 双端输入-单端输出

电路如图 3-14 所示，负载电阻 R_L 将接在 V_1 管集电极和地之间，即单端输出。单端输出的优点在于它有一端接地，便于和其他放大电路相连接。但是输出电压仅是一管集电极对地电压，另一管的输出电压没有用上，所以其差模电压放大倍数比双端输出时减少一半。

因为输入回路为双端输入，所以其差模信号输入电阻与双端输入-双端输出接法时相同。输出电阻近似为单管集电极与地之间的电阻。

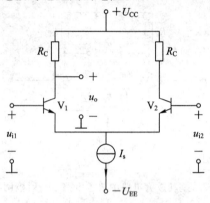

图 3-14　双端输入-单端输出

2. 单端输入-双端输出

单端输入-双端输出方式如图 3-15 所示，它可以看成是双端输入-双端输出情况的特例。电路中同时包含有差模信号和共模信号，其中，差模信号 $U_{id}=U_{i1}$，共模信号 $U_{ic}=U_{i1}/2$。因此，电路的特性与双端输入-双端输出时相同。

3. 单端输入-单端输出

单端输入-单端输出电路如图 3-16 所示。单端输入差动放大电路的差模信号为 u_{i1}，共模信号为 $u_{i1}/2$。电路的差模放大倍数、差模输入电阻和差模输出电阻与双端输入-单端输出电路相同。

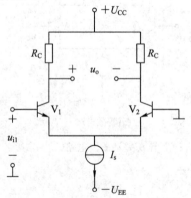

图 3-15　单端输入-双端输出

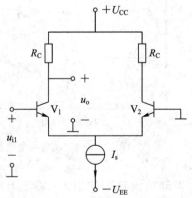

图 3-16　单端输入-单端输出

综上所述，差动放大电路四种连接方式的输入电阻近似相等，而放大倍数和输出电阻与输出方式有关，单端输出时的差模放大倍数和输出电阻是双端输出时的一半。

3.3 项目实施

3.3.1 负反馈放大电路测试训练

一、训练目的

(1) 加深理解负反馈放大电路的工作原理及负反馈对放大电路性能的影响；
(2) 掌握负反馈放大电路性能的测试方法。

二、训练说明

负反馈在电子电路中有着非常广泛的应用，虽然它使放大电路的放大倍数降低，但能在多方面改善放大电路的动态指标，如稳定放大倍数，改变输入、输出电阻，减小非线性失真和展宽通频带等，因此几乎所有实用放大电路都带有负反馈。

负反馈放大电路有四种组态，即电压串联、电压并联、电流串联、电流并联。本实验以图 3-17 所示的带有电压串联负反馈的两级阻容耦合放大电路为例，测试分析负反馈对放大电路各项性能指标的影响。

三、训练内容

1. 测量静态工作点

按图 3-17 连接电路，取 $U_{CC}=+12$ V，$U_i=0$，$I_{c1}=2.0$ mA，$I_{c2}=2.5$ mA，用直流电压表分别测量第一级、第二级放大电路的静态工作点，记入表 3-3 中。

表 3-3 静态工作点

	U_B/V	U_E/V	U_C/V	I_C/V
第一级				
第二级				

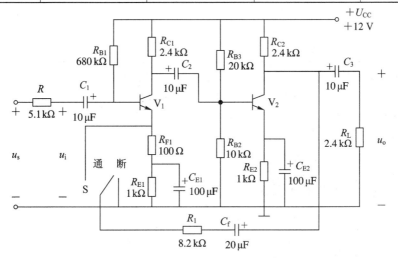

图 3-17 带有电压串联负反馈的两级阻容耦合放大电路

2. 测量基本放大电路的各项性能指标

将图 3-17 电路中的开关 S 扳至"断"的位置，此时负反馈支路断开，电路为两级阻容耦合基本放大器。

(1) 测量中频电压放大倍数 A_u、输入电阻 r_i 和输出电阻 r_o。

在放大电路输入端加入 $f=1\ \text{kHz}$、U_s 约为 5 mV 的正弦信号，用示波器显示输出电压 u_o 的波形，在 u_o 不失真的情况下(若有失真可适当减小 U_s，无失真则可适当增大 U_s)，用交流毫伏表测量 U_s、U_i、U_L，记入表 3-4 中。

保持 U_s 不变，断开负载电阻 R_L，测量空载时的输出电压 U_o，记入表 3-4 中。

表 3-4 各项性能指标

基本 放大器	U_s/mV	U_i/mV	U_L/V	U_o/V	A_u	$r_i/\text{k}\Omega$	$r_o/\text{k}\Omega$
负反馈 放大器	U_s/mV	U_i/mV	U_L/V	U_o/V	A_{uf}	$r_i/\text{k}\Omega$	$r_{of}/\text{k}\Omega$

(2) 测量通频带。

接入负载 R_L，使 $R_L=2.4\ \text{k}\Omega$，保持 U_s 不变。用交流毫伏表监测 U_s 的幅度，用示波器监测 U_L 的幅度，然后分别增加和减小输入信号的频率(频率改变时应维持 U_s 数值大小不变，若有变化则需调节信号输入使 U_s 维持原有数值)，直至输出电压 U_o 降至中频时的 0.7 倍，此时对应的两个频率即分别为上限截止频率 f_H 和下限截止频率 f_L。

表 3-5 通 频 带

基本放大器	f_L/kHz	f_H/kHz	$\Delta f/\text{kHz}$
负反馈放大器	f_{Lf}/kHz	f_{Hf}/KHz	$\Delta f/\text{kHz}$

3. 测试负反馈放大电路的各项性能指标

将图 3-17 电路中开关 S 扳至"通"的位置，此时负反馈支路接入，电路成为具有串联电压负反馈的两级阻容耦合放大电路。适当增加输入信号 U_s(约 10 mV)，在输出信号波形不失真的条件下，参照前面基本放大器的测试方法，测量负反馈放大器的 A_{uf}、r_{if}、r_{of} 及 f_{Lf}、f_{Hf}，分别记入表 3-4 和表 3-5 中。

3.3.2 差动放大电路测试训练

一、训练目的

(1) 熟悉差动放大电路的工作原理；

(2) 掌握差动放大电路的基本测试方法。

二、训练说明

图 3-18 所示电路是差动放大电路的基本结构，它由两个元件参数相同的基本共射极放大电路组成。当开关 S 扳向左边时构成典型的差动放大电路，调零电位器 R_P 用来调节 V_1、V_2 管的静态工作点，使得输入信号 $U_i = 0$ 时，双端输出电压 $U_o = 0$。R_E 为两管公用的发射极电阻，它对差模信号无负反馈作用，因而不影响差模电压放大倍数，但对共模信号有很强的负反馈作用，能有效的抑制零漂，稳定静态工作点。当开关 S 拨向右边时构成具有恒流源的差动放大电路，它由晶体管恒流源电路代替发射极电阻，可进一步提高差动放大电路抑制共模信号的能力。

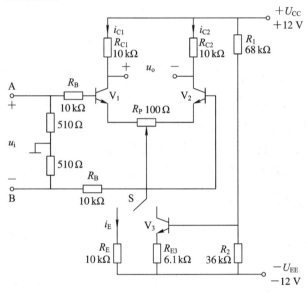

图 3-18　差动放大电路的基本结构

三、训练内容

1. 典型差动放大电路性能测试

将图 3-18 中开关 S 扳向左边，构成典型差动放大电路。

1）调整静态工作点

接通 ±12 V 的直流电源，不接入信号源（$U_i = 0$）。用直流电压表测量三极管 V_1、V_2 集电极间输出电压 U_o，同时调节调零电位器 R_P，使 $U_o = 0$。用直流电压表测量三极管 V_1、V_2 各电极的电位并记入表 3-6 中。

表 3-6　静态工作点

	U_{C1}/V	U_{B1}/V	U_{E1}/V	U_{C2}/V	U_{B2}/V	U_{E2}/V	U_{R_E}/V
测量值							
计算值	I_C/mA		I_B/mA			U_{CE}/V	

2）测量差模电压放大倍数 A_d

将信号发生器的输出端接在放大器 A、B 两输入端之间，构成双端输入方式，调节信号发生器使信号的频率 $f=1\ kHz$、电压 $U_i=1000\ mV$。用示波器监测输出端（V_1 管的集电极与地或 V_2 管的集电极与地之间），在输出波形不失真的情况下，用交流毫伏表分别测量 U_i、U_{C1}、U_{C2} 记入表 3-7 中。

表 3-7 电压放大倍数

	典型差动放大电路		恒流源差动放大电路	
	差模输入	共模输入	差模输入	共模输入
U_i/V	0.1	1	0.1	1
U_{C1}/V				
U_{C2}/V				

此时 A、B 两端对地信号完全相同，构成共模输入方式。调节信号发生器使 $U_i=1\ V$，在输出电压无失真的情况下用交流毫伏表测量 U_{C1}、U_{C2}，记入表 3-7 中。

2. 具有恒流源差动放大电路性能测试

将图 3-18 中开关 S 扳向右边，构成具有恒流源的差动放大电路。按照上述测量方法，测量其差摸电压放大倍数及共模电压倍数，并记入表 3-7 中。根据测量值计算共模抑制比。

3.3.3 项目操作指导

一、电路装配准备

（1）制作工具与仪器设备；

（2）电路整体安装方案设计；

（3）电路装配印制板设计。

二、元器件及元器件的检测与选择

传声器又称为话筒、麦克风或微音器，是一种可以将声音信号转变为电信号的声电转换器件。它的工作原理是依靠声波振动其中的音膜，使其在声压的作用下运动，从而产生电信号输出，即声能→机械能→电能的转换过程。常见传声器的外形如图 3-19 所示。

图 3-19 常见传声器的外形

1. 传声器的类型

按电源换取方式分为无源型和有源型。无源型传声器不消耗任何电能，直接将声信号转换为电信号，如动圈式和压电式传声器等；有源型传声器工作时必须提供工作电源，如电容式传声器等。

按工作原理分为动圈式、电容式、驻极体式、铝带式和硅微式等几种类型。

另外，传声器根据使用方式还可分为有线式和无线式。

2. 传声器的主要性能指标

① 灵敏度。灵敏度是指传声器在声电转换过程中将声压转换为电压的能力。灵敏度的选择因录制声源的强弱与拾音距离的远近而定。

② 频率响应。频率响应是表征传声器对不同频率声波的灵敏度。

③ 指向性。指向性是指其灵敏度随声波入射方向而变化的特性。

④ 输出阻抗。输出阻抗有高阻和低阻之分，高阻抗传声器在几万欧左右，低阻抗传声器在几十欧到几百欧左右。在和调音台或功放配接使用时，调音台或功放的输入阻抗要大于传声器输出阻抗的 3 倍～5 倍，这时传输效果最佳。

⑤ 动态范围。动态范围指传声器所能接收声音的大小范围。

⑥ 信噪比。信噪比表征传声器信号电压和噪声电压比值的参量。信噪比越大，说明传声器的灵敏度越高或噪声电压越小，即其性能越好，否则相反。

3. 传声器的选择和使用

传声器应根据其用途和音响设备的性能指标合理选择，如传声器的指向性、灵敏度、频率响应，特别要注意阻抗匹配。在需要高质量的扩音和录音时，应选择电容式传声器、铝带式传声器、电池式晶体传声器、高质量的动圈式传声器等；做一般语音扩音时，可选用普通动圈式传声器、驻极体电容式传声器或膜片式晶体传声器；当环境嘈杂，或需要突出某一声音时，可选用方向性较强的(如心形指向)传声器；教师在讲台上讲课，或讲话人经常走动时，可采用领夹式无线传声器；其他场合可使用手持式无线传声器。

使用时，高质量的传声器应选用以双绞线为芯线的金属屏蔽线，一般传声器可以使用单芯金属屏蔽线，不可使用普通导线。在需要使用多只传声器的情况下，应配备调音台，每一路传声器信号单独放大后，再混合到一起。不要把多只传声器简单的并联在一起，这样会减小输出、增大失真，效果反而不好。另外，要选用稳固的传声器支架；传输线应留有余量，不要绷得太紧；布线时，应把传输线放到人不易踩到的地方；同时注意不要和电源线、扩音机输出线靠近或平行，以防啸叫声和交流声。有人喜欢用吹气或敲击的方法试验传声器，这种习惯不好，而且，为了防止说话的气流声，还要在传声器上套上话筒罩。

4. 传声器的检测

在正规的传声器检测中，需要专用的传声器测试仪对其各个性能参数进行测定。一般的检测过程，我们也可以使用万用表对传声器的好坏进行判断。具体方法如下：

① 动圈式传声器的检测。用万用表 $R \times 100\ \Omega$ 挡，测量传声器的阻抗是否符合要求。正常情况下，用万用表 $R \times 10\ \Omega$ 挡测量音圈时，应有较大的"喀喀"声。

② 电容式传声器的检测。在电路中，用万用表 $0.05\ \text{mA}$ 电流挡，将两表笔分别接传声器输出插头的两端。对准传声器受话口轻轻讲话，若万用表的表针摆动，则说明该传声器正常。表针摆动幅度越大，说明传声器的灵敏度越高。

③ 驻极体传声器的检测。驻极体传声器分为三端式和两端式两种。三端式驻极体传声器的外形结构及电路如图 3-20 所示。其中 A 端为接地端(面积较大，通常与外壳相连)，D 端内接场效应管的漏极 d，S 端内接场效应管的源极 s。使用三端式驻极体传声器之前，首先应判别出漏极和源极。

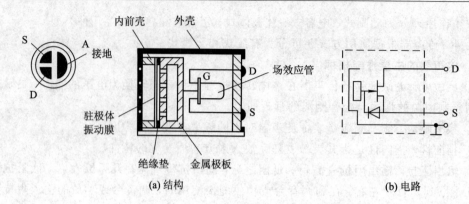

(a) 结构　　　　　　　　　　　　　　　(b) 电路

图 3-20　三端式驻极体传声器的外形结构及电路

将万用表置于 $R×1$ kΩ 挡，用两表笔测量三端式驻极体传声器接地端 A 之外两个电极的正、反向电阻值，在阻值较小的一次测量中，黑表笔接的是源极 S，红表笔接的是漏极 D。两端式驻极体传声器在内部已将 A 端与 S 端相连，只有两个接点，可用万用表 $R×1$ kΩ 挡测量两接点之间的正、反向电阻值，识别方法同上。

用万用表 $R×100$ Ω 挡或 $R×1$ Ω 挡，黑表笔接 D 端，红表笔接 S 端（三端式驻极体传声器可用红表笔将 A 端与 S 端短接起来），应测出 1 kΩ 左右的电阻值，再对准传声器受话口吹气，若万用表的表针在 500 Ω~3 kΩ 范围内摆动，则说明该传声器正常；若万用表表针不动，则说明该传声器已坏；若表针摆动幅度较小，则说明该传声器灵敏度较低。

三、电路调试

1. 电路调试步骤

先调整、测试电路两级静态工作点，再测试电路交流放大倍数，最后测试负反馈对放大电路性能的影响。

2. 电路调试方法

① 仔细检查、核对电路的元器件参数、电解电容的极性、三极管的管脚排序，确认无误后加入直流电压 +12 V。

② 对电路两级静态工作点进行调整、测试。用低频信号发生器在电路输入端输入 1 kHz 的正弦波信号，调节电位器 R_{P1} 和输入信号的大小，使电路输出波形最大且不失真。测试三极管 V_1、V_2 三个电极的电位，将测量的数据记录在表 3-8 中，分析三极管所处的工作状态，并指出 R_{P1} 的作用。

表 3-8　两级静态工作点的调整、测试

测试项目	测量值记录					
	三极管 V_1			三极管 V_2		
测量项	U_{B1}	U_{C1}	U_{E1}	U_{B2}	U_{C2}	U_{E2}
数据记录						
三极管工作状态						
R_{P1} 的作用						

③ 测量正常电路(有两级负反馈)时交流放大倍数。保持②中 R_{P1} 的位置和正常电路,用低频信号发生器在电路输入端输入 1 kHz 的正弦波信号,调节输入信号的大小,使电路输出信号波形不失真。测量电路此时输入、输出信号的大小,记录数据并计算电路的放大倍数,填入表 3 - 9 中。

④ 测量 R_9 断开(无两级负反馈)时交流放大倍数。保持②中 R_{P1} 的位置、断开 R_9,用低频信号发生器在电路输入端输入 1 kHz 的正弦波信号,调节输入信号的大小,使电路输出信号波形不失真。测量电路此时输入、输出信号的大小,记录数据并计算电路的放大倍数,填入表 3 - 9 中。

表 3 - 9　有、无两级负反馈时放大倍数的测量

电路状态	测量值记录			
测量项	U_i	U_o	A_u	两种工作状态放大倍数的比较
正常电路(有两级负反馈)				
断开 R_9(无两级负反馈)				
负反馈对放大倍数的影响				

⑤ 比较有、无负反馈对放大电路性能的影响。比较正常电路(有两级负反馈)与断开 R_9(无两级负反馈)两种状态的电路放大倍数,总结负反馈对放大倍数的影响并填入表 3 - 9 中。

四、故障分析与排除

1. 静态工作点不正常

静态工作点不正常一般与电路供电电源、基极和发射极偏置电阻、集电极负载电阻以及三极管本身有关,应重点检查电源是否引入、各电阻焊接是否良好、阻值是否正确、三极管管脚顺序是否焊接错误、三极管性能是否良好等方面。

检测静态工作点是否正常的方法:在仔细检查、核对电路的元器件参数、电解电容的极性、三极管的管脚顺序并确认无误后,可采用直流电压法进行检测,即用万用表直流电压挡检测电路中各点电位,根据所测数据大小,分析判断故障所在部位。

2. 信号弱或无信号输出

在各三极管静态工作点正常的前提下,信号弱或无信号输出的故障一般与信号输入、输出耦合电路以及三极管本身有关,应重点检查耦合电容容量是否符合要求、三极管性能是否良好等方面。

检测方法:在确认各三极管静态工作点正常后,可采用信号波形观测法进行检测,即在电路输入端输入一定频率和大小的正弦交流(1 kHz 左右)信号,按信号流向从前往后用示波器观测各点波形,根据所测波形,分析判断故障所在部位。

3.4 项目总结

(1) 多级放大电路包含多个单级放大电路的电子线路，一般由输入级、中间级、输出级构成。

(2) 多级放大电路中常用的耦合形式主要有四种：阻容耦合、变压器耦合、直接耦合、光电耦合。

(3) 负反馈就是将放大电路中输出信号的部分或全部，通过一定的支路或网络反送到输入端，削弱输入信号的过程。负反馈不但能提高放大电路的稳定性，还对放大电路的其他主要参数产生重大的影响。

(4) 多级放大电路的电压放大倍数是各级放大电路电压放大倍数的乘积，输入电阻等于第一级的输入电阻，输出电阻等于最后一级的输出电阻。

(5) 带有反馈的放大电路称为反馈放大电路，反馈放大电路包含无反馈放大电路和反馈网络两部分。放大电路中的反馈分为：直流反馈、交流反馈与交直流反馈；电压反馈与电流反馈、串联反馈与并联反馈；正反馈与负反馈。根据反馈的定义，判断放大电路中是否存在反馈以及存在反馈的类型，是分析反馈放大电路的关键。

(6) 在直接耦合放大电路中，存在放大电路前后级的电位配合与零点漂移的问题。产生零点漂移的主要原因有温度变化、电源电压波动、三极管老化等，一般情况下温度的变化是主要原因。从根本上抑制零点漂移最有效的方法为采用差动放大电路。

练 习 与 提 高

一、填空题

1. 在电子设备中，我们把_____称为一"级"，包含_____个单级放大电路的电子线路就称为_____。它一般由_____、_____、_____组成。

2. 多级放大电路中，输入级电路的主要作用是将_____的信号有效、可靠并尽可能大地引入电路_____，要求电路具有_____和_____。常用的输入级电路有_____电路等。中间级电路的主要作用是_____，一般由_____电路构成。输出级电路一般是_____电路，即_____电路。

3. 负反馈能够改善放大电路输入电阻和输出电阻，串联反馈使输入电阻_____；并联反馈使输入电阻_____；电压反馈使输出电阻_____；电流反馈使输出电阻_____。

4. 带有_____的放大电路成为反馈放大电路，反馈放大电路包含_____电路与_____两部分。

5. 在放大电路中，为了稳定静态工作点，可以引入_____反馈；若要稳定放大倍数，应引入_____反馈；希望展宽宽频频带，应引入_____反馈。

二、解释下列名词

1. 放大电路中的级；　　　　　　　　2. 耦合；

3. 多级放大电路；　　　　　　　　　4. 反馈；

5. 正、负反馈；　　　　　　　　6. 直流、交流反馈；

7. 电流、电压反馈；　　　　　　8. 串联、并联反馈；

9. 反馈深度；　　　　　　　　　10. 深度反馈

三、综合题

1. 图 3-21 所示两极放大电路，已知三极管的 β 均为 50，$R_{B11}=68$ kΩ，$R_{B12}=30$ kΩ，$R_{B21}=150$ kΩ，$R_{C1}=4.7$ kΩ，$R_{E1}=3$ kΩ，$R_{E2}=2$ kΩ，$U_{CC}=12$ V，$R_L=2$ kΩ，$U_{BE}=0.7$ V，试求：

(1) 两级静态工作点 Q_1 和 Q_2；

(2) 电压放大倍数 A_{u1}、A_{u2} 和 A_u；

(3) 输入电阻 r_i 和输出电阻 r_o。

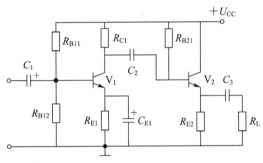

图 3-21　综合题 1

2. 在图 3-22 所示两极放大电路中，

(1) 画出交、直流通路及微变等效电路；

(2) 写出两级的静态工作点 Q_1 和 Q_2 及电压放大倍数 A_u、输入电阻 r_i 和输出电阻 r_o 的计算公式。

3. 有一放大电路的开环电压放大倍数在 200～350 之间变化，现引入反馈系数 $F=0.05$ 的负反馈，求开环电压放大倍数变化范围？

4. 已知一个负反馈放大电路的 $A=10^5$，$F=2\times10^{-3}$，求 A_f 等于多少？

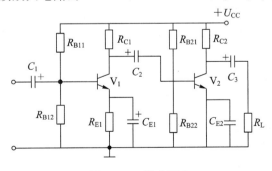

图 3-22　综合题 2

5. 如图 3-23 所示电路，为了达到以下目的，则 R_f 与 C_f 构成的反馈支路与其他各点应如何连接？要求：

(1) 稳定输出电流；

（2）稳定输出电压；

（3）提高输出电阻；

（4）增大输入电阻。

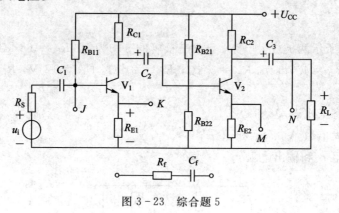

图 3 - 23　综合题 5

<big>项目四　集成音频放大电路的制作与调试</big>

【知识目标】

  (1) 了解集成电路的分类及特点；

  (2) 了解集成运算放大器的基本结构、电路符号及主要性能指标；

  (3) 掌握理想集成运算放大器的特性；

  (4) 掌握集成运算放大器的线性应用条件及典型应用电路的分析方法；

  (5) 了解集成运算放大器的非线性应用。

【能力目标】

  (1) 了解集成运算放大器资料查阅、识别与选取方法；

  (2) 能对由集成运算放大器构成各种运算电路进行调试与参数测试；

  (3) 能对由集成运算放大器音频放大电路进行安装、调试与检修；

  (4) 能熟练使用万用表、电压表、双踪示波器、函数信号发生器等电子仪器。

4.1　项目描述

  集成电路就是把组成电路的各种电子元器件和连接线集中制作在一块很小的半导体硅片上构成的具有特定功能的电路。集成电路外部用管壳封装，通过引线和外电路连接。由于集成电路具有体积小、焊点少、可靠性高、调试简单等原因，在现代电子技术中得到了广泛的应用。

  本项目通过制作一个音频放大电路来熟悉集成电路的特点，掌握集成运算放大电路的应用。

4.1.1　项目学习情境：集成音频放大电路的制作与调试

  图 4-1 所示为集成音频放大电路的原理图，制作集成音频放大电路，需要完成的主要任务是：① 熟悉电路各元器件的作用；② 进行电路元器件安装；③ 调试整机；④ 撰写电路制作报告。

  图 4-1 所示集成音频放大电路可分为信号输入电路、直流偏置电路等五部分，下面分析各部分组成及作用。

  (1) 信号输入电路。外接传声器插口 CK、电阻 R_1、电容 C_1 及 C_2 构成该电路的输入电路，采用同相输入放大的方式，将外接传声器输出的音频电信号送入集成运算放大器 IC 的第 3 引脚。

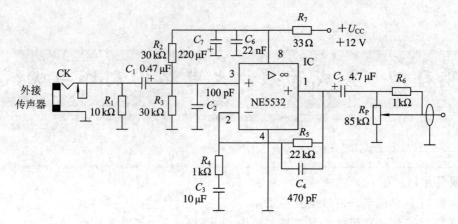

图 4-1　集成音频放大电路原理图

（2）直流偏置电路。电阻 R_2、R_3 构成直流偏置电路，使需要正、负两组电源供电的集成运算放大器 NE5532 可采用单电源的供电方式，电阻 R_2、R_3 大小相等，以保证同相输入端、反相输入端和输出端三端的直流电位相等，且等于电源电压的一半。

（3）负反馈电路。电阻 R_4、R_5 与电容 C_3、C_4 构成运算放大器的负反馈电路，改变电阻 R_4 与 R_5 之比，可调节电路的放大倍数。另外，C_4 具有降低高频噪声的作用。

（4）信号输出电路。电容 C_5、电阻 R_6 与电位器 R_P 构成信号输出电路，调节 R_P 的大小，可改变输出信号的大小。

（5）电源去耦电路。电阻 R_7 与电容 C_6、C_7 构成电源的去耦电路，防止放大电路级与级之间通过电源线耦合而产生的电路自激。

电路的主要技术参数与要求如下：

① 电压放大倍数 $A_u \geqslant 20$；

② 输入电阻 $r_i \geqslant 5$ kΩ；

③ 输出电阻 $r_o \leqslant 1$ Ω；

④ 最大输出幅值 $U_{om} = 4$ V；

⑤ 频响特性 $f_L \leqslant 50$ Hz，$f_H \geqslant 20$ kHz。

4.1.2　电路元器件参数及功能

集成音频放大电路元器件参数及功能如表 4-1 所示。

表 4-1　集成音频放大电路元器件参数及功能

序号	元器件代号	名称	型号及参数	功　能
1	CK	插口	——	信号输入：外接传声器
2	R_1	电阻器	RJ11，0.25 W，10 kΩ	阻抗匹配：实现传声器与运算放大器电路的阻抗匹配
3	C_1	电容器	CD11，16 V，0.47 μF	耦合外接交流信号，隔离同相输入端偏置的直流信号

续表

序号	元器件代号	名称	型号及参数	功　能
4	R_2 R_3	电阻器 电阻器	RJ11, 0.25 W, 30 kΩ RJ11, 0.25 W, 30 kΩ	偏置电路：保证同相输入端、反相输入端和输出端三段的直流电位相等，且各电位等于电源电压的一半
5	C_2	电容器	CC11, 63 V, 100 pF	滤波：滤除音频信号中的高频噪音
6	IC	集成电路	NE5532	信号放大
7	R_4 R_5 C_3 C_4	电阻器 电阻器 电容器 电容器	RJ11, 0.25 W, 1 kΩ RJ11, 0.25 W, 22 kΩ CD11, 16 V, 10 μF CC11, 63 V, 470 pF	负反馈网络：改变电阻 R_5 与 R_4 之比，可调节电路的放大倍数。C_4 具有降低高频噪声的作用
8	C_5	电容器	CD11, 16 V, 4.7 μF	输出耦合：耦合输出交流信号，隔离输出端的直流偏置信号
9	R_6 R_P	输出电压调整电阻、电位器	RJ11, 0.25 W, 1 kΩ WTH, 1 A, 85 kΩ	调节：调整输出信号的大小
10	R_7 C_6 C_7	电阻器 电容器 电容器	RJ11, 0.5 W, 33 Ω CC11, 63 V, 22 nF CD11, 25 V, 220 μF	去耦电路：消除级与级之间共电耦合
11	$+U_{CC}$	直流电源	+12 V、0.5 A	供电：为放大电路提供工作电流

4.2　知　识　链　接

4.2.1　集成电路简介

一、集成电路的特点

由于制造工艺的原因，集成电路具有以下特点：

(1) 由于大电容和电感不易制造，多级放大电路都采用直接耦合的方式。

(2) 为克服直接耦合放大电路的温漂，多采用温度补偿的手段。典型的补偿电路是差动放大电路，它是利用晶体管参数的对称性来抑制温漂的。

(3) 由于阻值太高或太低的电阻不易制造，在集成电路中晶体管用得多而电阻用得少。

(4) 大量采用晶体管或场效应管构成恒流源，用来代替大阻值的电阻，或者用来设置电路的静态电流。

(5) 采用复合管的接法来改进单管的性能。

二、集成电路的分类

集成电路可从不同的角度进行分类，下面列出了几种分类标准。

按集成度来分，可分为小规模集成电路（100 个元器件以下）、中规模集成电路（100～1000 个元器件之间）、大规模集成电路（$10^3 \sim 10^5$ 个元器件之间）和超大规模集成电路（10^5 个元器件以上）等。

按所用器件分，可分为双极性（NPN 管或 PNP 管）集成电路和单极型（MOS 管）集成电路。

按工作信号的类型分，可分为模拟集成电路和数字集成电路等。

三、集成电路的外形

随着集成电路工艺的不断发展和电路集成度的不断提高，集成电路的外形各式各样，常见的有圆壳式、双列直插式、单列直插式、扁平式和插卡式等几种，外形如图 4-2 所示。

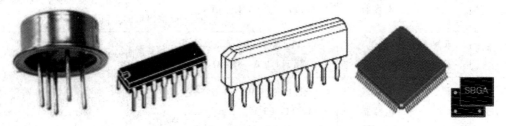

图 4-2　常见集成电路外形

4.2.2　集成运算放大器

集成运算放大器是模拟集成电路中应用最广泛的一个重要分支，它的实质是具有高增益的直接耦合式放大电路。它具有通用性强、可靠性高、体积小、功耗小等优点，目前广泛应用于自动测试、信息处理、计算机技术等各个领域。由于集成运算放大器在发展初期主要应用在数学运算上，所以至今仍将其称为"运算放大器"。

一、集成运算放大器的基本结构、电路符号

集成运算放大器的内部实际上是一个高增益的直接耦合式多级放大电路，它一般由输入级、中间级、输出级和偏置电路等四部分组成，组成框图如图 4-3 所示。

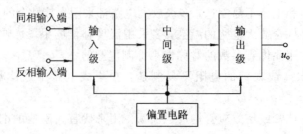

图 4-3　集成运算放大器的组成框图

由于直接耦合式电路存在温度漂移问题，故集成运放的输入级采用了差动放大形式；为了提高放大倍数，中间级大多采用共射级放大电路；同时为了提高带负载能力，输出级多采用互补跟随式电路；偏置电路的作用是为各级提供合适的静态工作点，一般偏置电路由电阻或各种恒流源电路构成。

集成运算放大器的电路符号如图 4-4 所示，它有两个输入端 u_+ 和 u_-，一个输出端 u_o。当 u_+ 置零、u_- 接输入信号 u_i 时，u_o 与 u_i 相位相反，因此 u_- 输入端称为反相输入端，用"一"号标示；当 u_- 置零、u_+ 接输入信号 u_i 时，u_o 与 u_i 相位一致，因此 u_+ 输入端称为同相输入端，用"十"号标示。图中"▷"表示放大器，三角所指的方向为信号传输方向，A_{uo} 表示该放大器的开环差模电压放大倍数。

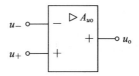

图 4-4　集成运算放大器的电路符号

下面以国产通用型运放 F007(5G24) 为例介绍集成运放的外形结构与接线图。国产通用型运放 F007(5G24) 的外形有金属圆壳式、双列直插式等，其外形结构如图 4-5 所示，图(a)是圆壳式外形结构，图(b)是双列直插式外形结构。F007 各管脚功能说明如下。

1、5 脚为调零端，外接调零电位器(通常为 10 kΩ)，由于三极管的特性及电路参数不可能完全的对称，因此当输入信号为零时，输出信号可能不为零，故可调节调零电位器的阻值，使输入为零时输出也为零；2 脚为反相输入端；3 脚为同相输出端；4 脚为外接负电源(-15 V)端；7 脚为外接正电源(+15 V)端；6 脚为输出端；8 脚为空脚端。F007 的外部接线图如图 4-5(c)所示。

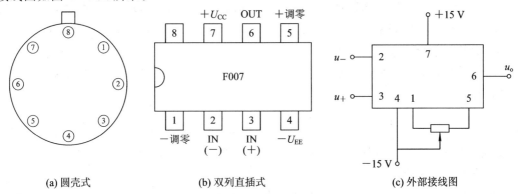

(a) 圆壳式　　　　　(b) 双列直插式　　　　　(c) 外部接线图

图 4-5　运放 F007 外形结构及外部接线图

二、集成运算放大器的主要性能参数

集成运算放大器的性能可以通过各种参数表示，通过了解这些参数，可以合理选用和正确使用各种不同类型的集成运算放大器。

1. 开环差模电压放大倍数 A_{ud}

开环差模电压放大倍数指集成运算放大器(简称运放)在开环(没有外接反馈电路)状态

下，信号频率为零（直流）时，输出信号电压与输入差模信号电压之比，用 A_{ud} 表示，即

$$A_{ud} = \frac{u_o}{u_i} = \frac{u_o}{u_+ - u_-} \tag{4-1}$$

一般情况下，希望 A_{ud} 越大越好，A_{ud} 越大，集成运算放大器构成的电路越稳定，运算精度越高。A_{ud} 常用分贝（dB）表示，一般值为 100 dB 左右，目前高质量的运放则可达 140 dB 以上。

2. 输入失调电压 U_{IO}

对于理想运算放大器而言，当输入电压为零时，输出电压必须为零。但实际运算放大器由于参数很难达到完全对称，当输入电压为零时，输出电压并不为零。如果在输入端人为地外加一补偿电压使输出电压为零，那么这个补偿电压称为输入失调电压，用 U_{IO} 表示。输入失调电压也可认为是当输入电压为零时，将输出电压折算到输入端（即除以 A_{uo}）的电压。U_{IO} 越小越好，值越小，表示电路的对称性越好，U_{IO} 一般为毫伏级。

3. 输入失调电流 I_{IO}

由于输入级的参数不对称，当输入信号为零时，集成运算放大器两个输入端的静态基极电流不相等。I_{IO} 是指当运放输入电压为零时，两个输入端的输入电流之差。I_{IO} 是由于运算放大器内部元件参数不一致等原因造成的，其值越小越好，一般 I_{IO} 在 0.1 μA～0.01 μA 范围内，理想运算放大器的 I_{IO} 应为零。

4. 开环差模输入电阻 r_{id}

开环差模输入电阻 r_{id} 指运算放大器无反馈回路时，在两个输入端之间的等效电阻。r_{id} 反映了运算放大器输入电路向差分信号源索取电流的能力，其值越大越好，一般为几兆欧。MOS 型集成运算放大器 r_{id} 高达 10^6 MΩ 以上。

5. 开环差模输出电阻 r_{od}

开环差模输出电阻 r_{od} 指运算放大器无反馈回路时，从输出端看进去的等效电阻。r_{od} 反映了运算放大器输出电路向负载提供电流的能力，其值越小越好，一般小于几十欧。

6. 共模抑制比 K_{CMRR}（或 CMRR）

共模抑制比反映了运放对共模信号的抑制能力，定义为差模电压放大倍数与共模电压放大倍数之比，即

$$\text{CMRR} = \left| \frac{A_{ud}}{A_{uc}} \right| \quad \text{或} \quad K_{CMRR} = 20\lg \left| \frac{A_{ud}}{A_{uc}} \right| \tag{4-2}$$

K_{CMRR} 越大越好，一般运放的 K_{CMRR} 为 60 dB～120 dB，高质量运放的 K_{CMRR} 可达 160 dB。

7. 开环频带宽度 B_ω

开环频带宽度 B_ω 指集成运算放大器开环差模电压放大倍数 A_{ud} 下降 3 dB 所对应的信号频率范围。

三、集成运算放大器的传输特性

传输特性是指输出电压与输入电压之间的关系，表示这种关系的曲线称为传输特性曲线。集成运算放大器的传输特性曲线如图 4-6 所示。

根据电压传输特性曲线，运放的工作区只有两个：线性区（也称放大区）和非线性区（也称饱和区）。图 4-6 中，中间斜线部分是运放线性工作区，线性工作区以外的部分为非

线性工作区。

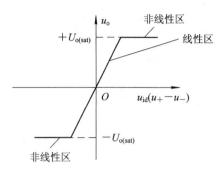

图 4-6　集成运算放大器的传输特性曲线

当集成运放工作在线性区时，输出电压 u_o 和输入电压 u_{id} 成线性关系，即

$$u_o = A_{ud} \cdot u_{id} = A_{uo}(u_+ - u_-) \tag{4-3}$$

式中，u_+ 为运放同相输入端电位；u_- 为运放反相输入端电位。

由于集成运放的开环电压放大倍数很大，而输出电压为有限值，因此集成运放的输入信号很小。以 F007 为例，$A_{uo}=105$，$U_{op-p}=\pm 10$ V。假设它工作在线性区域，其允许输入的差模电压为

$$u_{id} = u_+ - u_- = \frac{U_{op-p}}{A_{uo}} = \frac{\pm 10}{10^5} = \pm 0.1 \text{ mV}$$

上式表明，集成运放的外加输入电压 u_{id} 范围仅为 -0.1 mV～0.1 mV 之间，若超过这个范围，输出电位即被限幅（限制为 $+10$ V 或 -10 V）。显然，这样小的线性范围无法进行线性放大等任务。为了能够利用集成运放对实际输入信号进行线性放大，必须引入深度负反馈。

集成运放工作在非线性区域时，输出电压和输入电压不再是线性关系，即

$$u_o \neq A_{uo}u_{id} = A_{uo}(u_+ - u_-) \tag{4-4}$$

此时，输出电压 $u_o = \pm U_{o(sat)}$，其中，$U_{o(sat)}$ 为饱和值。

饱和值的大小主要受电源电压的限制，正向饱和值 $+U_{o(sat)}$ 接近于正电源 $+U_{CC}$ 的数值，负向饱和值 $-U_{o(sat)}$ 接近于负电源 $-U_{EE}$ 的数值。

一般区分运放是工作在线性区域还是非线性区域的方法，就是看运放外部是否引入负反馈。如果引入负反馈，则认为运放工作在线性区域；如果运放处于开环状态或外部引入正反馈，则认为运放工作在非线性区域。

四、集成运算放大器的理想特性

一般情况下，我们把在电路中的集成运算放大器看成是理想集成运算放大器。通常认为理想集成运放应具备下列特性：

（1）开环差模电压放大倍数 $A_{uo} \to \infty$；

（2）差模输入电阻 $r_{id} \to \infty$；

（3）开环输出电阻 $r_o \to 0$；

（4）共模抑制比 $K_{CMRR} \to \infty$；

（5）失调和温度漂移为零，即输入信号为零时，输出端恒定地处于零电位；

（6）频带宽度为无穷大，即 $B_w \to \infty$。

理想集成运放的电压传输特性曲线如图 4-7 所示。

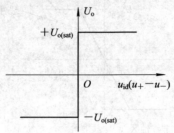

图 4-7　理想集成运放的电压传输特性曲线

理想集成运放工作在非线性区时，输出电压的特点为：

当 $u_+ > u_-$ 时，$u_o = +U_{o(sat)}$;

当 $u_+ < u_-$ 时，$u_o = -U_{o(sat)}$;

当 $u_+ = u_-$ 时，$-U_{o(sat)} < u_o < +U_{o(sat)}$。

由上述分析可知，当运放工作在非线性区时，只有当 $u_+ = u_-$ 时，运算放大器的状态才发生转换，其余时刻，状态保持不变。

虽然实际集成运放不可能具有以上理想特性，但在低频工作区时，集成运放的特性接近理想特性。因此，在实际使用和分析集成运放时，常常将集成运放理想化，这种分析所带来的误差一般比较小，可以忽略不计。

根据理想集成运放的基本特性，可以推导出运放工作在线形区时的两个重要特性：

（1）虚短——两输入端之间的电压为零。

由于理想集成运放 $A_{uo} \to \infty$，而 u_o 是有限的，且 $u_o = A_{uo}(u_+ - u_-)$，因此

$$u_+ \approx u_-$$

这说明理想集成运放反相输入端和同相输入端电位相等，但由于反相和同相输入端并没有相接在一起，相当于虚短通，因此称为"虚短"；如果同相输入端接地，反相输入端不接地，但 $u_+ \approx u_- = 0$，则称此种情况为"虚地"。

（2）虚断——两输入端流进（或流出）的电流等于零。

由于理想集成运放的差模输入电阻 $r_{id} \to \infty$，因此运放的输入电流为

$$i_+ = i_- \approx 0$$

即理想集成运放同相和反相输入端都不取输入电流。集成运放是与电路相连的，但它又没有输入电流，相当于断开一样，故称为"虚断"。理想集成运放不仅工作在线性区时"虚断"成立，工作在非线性区时"虚断"也成立。

4.2.3　集成运算放大器的线性应用

一、线性应用条件及分析方法

1. 线性应用条件

集成运算放大器线性应用的必要条件是集成运算放大器接成负反馈组态，即通过反馈网络将输出信号反馈到反相输入端。

2. 分析方法

将实际运算放大器按理想运算放大器处理，利用其"虚短"、"虚断"两个重要特征可以方便地分析和计算电路参数。

二、基本运算电路

1. 比例运算电路

1) 反相比例运算电路

如图 4-8 所示为反相比例运算放大电路。输入信号 u_i 经过电阻 R_1 加到集成运算放大器的反相输入端，反馈电阻 R_F 接在输出端与反相输入端之间，构成电压并联负反馈，则集成运算放大器工作在线性区；同相输入端加平衡电阻 R_2，主要是来满足同相输入端与反相输入端外接电阻相等，即 $R_2 = R_1 /\!/ R_F$，以保证运算放大器处于平衡对称的工作状态，从而消除输入偏置电流及其温度漂移的影响。

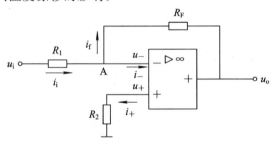

图 4-8　反相比例运算放大电路

根据虚断的概念，$i_+ = i_- \approx 0$，得 $u_+ = 0$，$i_1 = i_f$。又根据虚短的概念，$u_+ \approx u_- = 0$，故称 A 点为虚地点。又因为有

$$i_i = \frac{u_i}{R_1}, \ i_f = -\frac{u_o}{R_F}$$

所以有

$$\frac{u_i}{R_1} = -\frac{u_o}{R_F}$$

移项后得电压放大倍数

$$A_u = \frac{u_o}{u_i} = -\frac{R_F}{R_1} \qquad\qquad (4-5)$$

或

$$u_o = -\frac{R_F}{R_1} \times u_i \qquad\qquad (4-6)$$

上式表明，电压放大倍数与 R_F 成正比，与 R_1 成反比，式中负号表明输出电压与输入电压相位相反。当 $R_1 = R_F = R$ 时，$u_o = -u_i$，输入电压与输出电压大小相等、相位相反，此时反相比例运算放大电路成为反相器。

由于反相输入放大电路引入的是深度电压并联负反馈，因此它使输入和输出电阻都减小，输入和输出电阻分别为

$$r_i \approx r_1 \qquad\qquad (4-7)$$

$$r_o \approx 0 \qquad\qquad (4-8)$$

反相比例运算电路特点：u_o 与 u_i 的关系只取决于反馈网络 R_1、R_F，而与集成运算放大器本身的参数无关，因此，只要改变 R_1 和 R_F 的值，便可以改变比例系数；$u_+ \approx u_- = 0$（虚地），它使集成运算放大器工作时不会有共模信号输入，因此电路也没有共模信号输出。

2）同相比例运算电路

同相比例运算放大电路如图 4-9 所示，输入信号 u_i 经过电阻 R_2 接到集成运算放大器的同相端，反馈电阻接到其反相端，构成了电压串联负反馈。

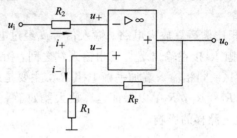

图 4-9　同相比例运算放大电路

根据虚断的概念，$i_+ \approx 0$，可得 $u_+ = u_i$。又根据虚短概念，$u_+ \approx u_-$，于是有

$$u_i \approx u_- = \frac{R_1}{R_1 + R_F} u_o$$

移项后得电压放大倍数

$$A_u = \frac{u_o}{u_i} = 1 + \frac{R_F}{R_1} \tag{4-9}$$

或

$$u_o = \left(1 + \frac{R_F}{R_1}\right) u_i \tag{4-10}$$

当 $R_F = 0$ 或 $R_1 \to \infty$ 时，如图 4-10 所示，此时 $u_o = u_i$，即输出电压与输入电压大小相等、相位相同，该电路称为电压跟随器。

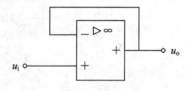

图 4-10　电压跟随器

由于同相输入放大电路引入的是深度电压串联负反馈，因此它使输入电阻增大、输出电阻减小，输入和输出电阻分别为

$$r_i \to \infty \tag{4-11}$$
$$r_o \approx 0 \tag{4-12}$$

例 4.1　电路如图 4-11 所示，试求当 R_5 的阻值为多大时，才能使 $u_o = -55 u_i$。

解：在图 4-11 电路中，A_1 构成同相输入放大电路，A_2 构成反相输入放大电路，因此有

$$u_{o1} = \left(1 + \frac{R_2}{R_1}\right) u_i = \left(1 + \frac{100}{10}\right) u_i = 11 u_i$$

$$u_o = -\frac{R_5}{R_4} u_{o1} = -\frac{R_5}{10} \times 11 u_i = -55 u_i$$

化简后得 $R_5 = 50~\text{k}\Omega$。

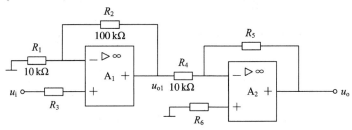

图 4-11　例 4.1 图

同相比例运算电路特点：由于 $u_+ \approx u_- = u_i \neq 0$，即虚地不成立，因此集成运放的输入有较大的共模输入电压。当共模信号较大时，会使集成运放输入级的三极管处于饱和或截止状态，严重时会损坏集成运放。这一缺点是所有集成运放工作在线性区采用同相输入方式的电路所共有的，因此也限制了这类电路的应用。

2. 加法运算与减法运算电路

1）加法运算电路

在自动控制电路中，往往需要将多个采样信号按一定的比例叠加起来输入到放大电路中，这就需要用到加法运算电路，如图 4-12 所示。

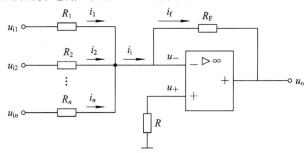

图 4-12　反相加法运算电路原理图

根据虚断的概念及基尔霍夫电流定律，可得 $i_f = i_i = i_1 + i_2 + \cdots + i_n$。再根据虚短的概念可得

$$i_1 = \frac{u_{i1}}{R_1}, \quad i_2 = \frac{u_{i2}}{R_2}, \quad \cdots, \quad i_n = \frac{u_{in}}{R_n}$$

则输出电压为

$$u_o = -R_F i_f = -R_F \left(\frac{u_{i1}}{R_1} + \frac{u_{i2}}{R_2} + \cdots + \frac{u_{in}}{R_n} \right) \tag{4-13}$$

式（4-13）实现了各信号的比例加法运算。如取 $R_1 = R_2 = \cdots = R_n = R_F$，则有

$$u_o = -(u_{i1} + u_{i2} + \cdots + u_{in}) \tag{4-14}$$

2）减法运算电路

（1）利用两级运算放大器实现减法运算。

利用两级运算放大器实现减法运算的电路如图 4-13 所示。第一级为反相放大电路，若取 $R_{F1} = R_1$，则 $u_{o1} = -u_{i1}$。第二级为反相加法运算电路，可导出

$$u_o = -\frac{R_{F2}}{R_2}(u_{o1} + u_{i2}) = \frac{R_{F2}}{R_2}(u_{i1} - u_{i2}) \tag{4-15}$$

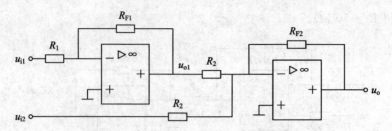

图 4 - 13　利用两级运算放大器实现减法运算

若取 $R_2 = R_{F2}$，则有

$$u_o = u_{i1} - u_{i2} \qquad\qquad (4-16)$$

于是实现了两信号的减法运算。

（2）利用反相求和实现减法运算。

利用反相求和实现减法运算的电路如图 4 - 14 所示。u_{i2} 经 R_2 加到反相输入端，u_{i1} 经 R_1 加到同相输入端。根据叠加原理，首先令 $u_{i1} = 0$，当 u_{i2} 单独作用时，电路成为反相放大电路，其输出电压为

$$u_{o2} = -\frac{R_F}{R_2} u_{i2}$$

再令 $u_{i2} = 0$，u_{i1} 单独作用时，电路成为同相放大电路，同相端电压为

$$u_+ = \frac{R_3}{R_1 + R_3} u_{i1}$$

则输出电压为

$$u_{o1} = \left(1 + \frac{R_F}{R_2}\right) u_+ = \left(1 + \frac{R_F}{R_2}\right)\left(\frac{R_3}{R_1 + R_3}\right) u_{i1}$$

这样，当 u_{i1} 和 u_{i2} 同时输入时，有

$$u_o = u_{o1} + u_{o2} = \left(1 + \frac{R_F}{R_2}\right)\left(\frac{R_3}{R_1 + R_3}\right) u_{i1} - \frac{R_F}{R_2} u_{i2} \qquad (4-17)$$

当 $R_1 = R_2 = R_3 = R_F$ 时，有

$$u_o = u_{i1} - u_{i2} \qquad\qquad (4-18)$$

于是实现了两信号的减法运算。

图 4 - 14 所示的减法运算电路又称差动放大电路，该电路具有输入电阻低和增益调整难两大缺点。为满足高输入电阻及增益可调的要求，工程上常采用由多级运算放大器组成的差动放大电路。

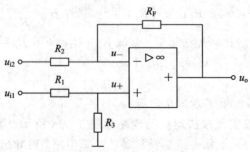

图 4 - 14　利用反相求和实现减法运算的电路

例 4.2 加减法运算电路如图 4-15 所示，求输出与各输入电压之间的关系。

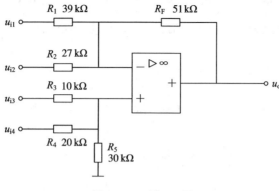

图 4-15 例 4.2 图

解：本题输入信号有四个，可利用叠加原理求之。

① 当 u_{i1} 单独输入、其他输入端接地时，有

$$u_{o1} = -\frac{R_F}{R_1}u_{i1} \approx -1.3u_{i1}$$

② 当 u_{i2} 单独输入、其他输入端接地时，有

$$u_{o2} = -\frac{R_F}{R_2}u_{i2} \approx -1.9u_{i2}$$

③ 当 u_{i3} 单独输入、其他输入端接地时，有

$$u_{o3} = \left(1 + \frac{R_F}{R_1 /\!/ R_2}\right)\left(\frac{R_4 /\!/ R_5}{R_3 + R_4 /\!/ R_5}\right)u_{i3} \approx 2.3u_{i3}$$

④ 当 u_{i4} 单独输入、其他输入端接地时，有

$$u_{o4} = \left(1 + \frac{R_F}{R_1 /\!/ R_2}\right)\left(\frac{R_3 /\!/ R_5}{R_4 + R_3 /\!/ R_5}\right)u_{i4} \approx 1.15u_{i4}$$

由此可得

$$u_o = u_{o1} + u_{o2} + u_{o3} + u_{o4} = -1.3u_{i1} - 1.9u_{i2} + 2.3u_{i3} + 1.15u_{i4}$$

3. 积分运算与微分运算电路

1）积分运算电路

图 4-16 所示为积分运算电路。

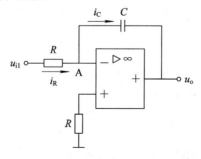

图 4-16 积分运算电路

根据虚地的概念，$u_A \approx 0$，$i_R = u_i/R$。再根据虚断的概念，有 $i_C \approx i_R$，即流过电容 C 的电流 $i_C = u_i/R$。假设电容 C 的初始电压为零，那么

$$u_o = -\frac{1}{C}\int i_C \, dt = -\frac{1}{C}\int \frac{u_i}{R} \, dt = -\frac{1}{RC}\int u_i \, dt \qquad (4-19)$$

上式表明，输出电压为输入电压对时间的积分，且相位相反。当求解 t_1 到 t_2 时间段的积分值时，有

$$u_o = -\frac{1}{RC}\int_{t_1}^{t_2} u_i \, dt + u_o(t_1) \qquad (4-20)$$

式中，$u_o(t_1)$ 为积分起始时刻 t_1 的输出电压，即积分的起始值；积分的终值是 t_2 时刻的输出电压。当 u_i 为常量 U_i 时，有

$$u_o = -\frac{1}{RC}U_i(t_2-t_1) + u_o(t_1) \qquad (4-21)$$

积分电路的波形变换作用如图 4-17 所示。当输入为阶跃波时，若 t_0 时刻电容上的电压为零，则输出电压波形如图 4-17(a) 所示。当输入为方波和正弦波时，输出电压波形分别如图 4-17(b) 和 (c) 所示。

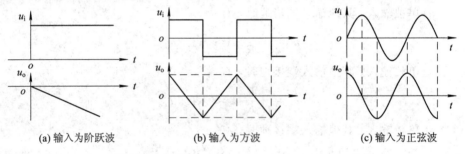

(a) 输入为阶跃波　　　　　(b) 输入为方波　　　　　(c) 输入为正弦波

图 4-17　积分运算在不同输入情况下的波形

当输入电压为一恒定值 U_s，且 $U_C(0_+)=0$，则输出电压为

$$U_o = \frac{U_s}{R_1 C}t$$

U_o 随时间线性变化，但是 U_o 不会无限制增大，因为它要受到集成运放电源电压的限制，最后只能达到饱和值 $\pm U_{o(sat)}$，而不再变化，如图 4-18 所示。

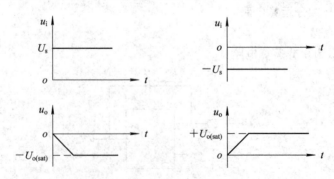

图 4-18　输入为直流信号时积分运算的输出波形

由于集成运放存在失调电流，积分电容也可能有漏电现象，这些因素都会使电容 C 充电速度变慢，从而产生非线性误差，因此实际积分电路要在电容两端并接一个电阻。当然，也可构成同相积分运算电路，但由于输入的共模分量大，误差大，因此应用很少。

例 4.3　电路及输入波形分别如图 4-19(a) 和 (b) 所示，电容器 C 的初始电压

$u_C(0)=0$，试画出输出电压 u_o 稳态的波形，并标出 u_o 的幅值。

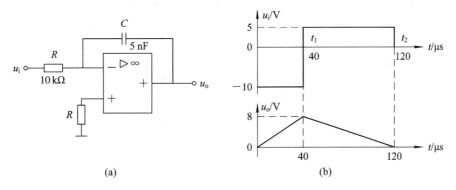

(a)　　　　　　　　(b)

图 4-19　例 4.3 电路及输入、输出波形

解：当 $t = t_1 = 40~\mu s$ 时，有

$$u_o(t_1) = -\frac{u_i}{RC}t_1 = -\frac{-10\times 40\times 10^{-6}}{10\times 10^3\times 5\times 10^{-9}} = 8~V$$

当 $t = t_2 = 120~\mu s$ 时，有

$$u_o(t_2) = u_o(t_1) - \frac{u_i}{RC}(t_2-t_1) = 8 - \frac{5\times(120-40)\times 10^{-6}}{10\times 10^3\times 5\times 10^{-9}} = 0~V$$

得输出波形如图 4-19(b)所示。

2）微分运算电路

将积分电路中的 R 和 C 位置互换，就可得到微分运算电路，如图 4-20 所示。

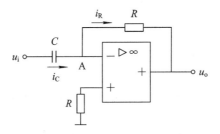

图 4-20　微分运算电路

在这个电路中，A 点为虚地，即 $u_A \approx 0$。再根据虚断的概念，则有 $i_R \approx i_C$。假设电容 C 的初始电压为零，那么有 $i_C = C\dfrac{\mathrm{d}u_i}{\mathrm{d}t}$，则输出电压为

$$u_o = -i_R R = -RC\frac{\mathrm{d}u_i}{\mathrm{d}t} \tag{4-22}$$

上式表明，输出电压为输入电压对时间的微分，且相位相反。

图 4-20 所示电路实用性差，当输入电压产生阶跃变化时，i_C 电流极大，会使集成运算放大器内部的放大管进入饱和或截止状态，即使输入信号消失，放大管仍不能恢复到放大状态，也就是电路不能正常工作。同时，由于反馈网络为滞后移相，它与集成运算放大器内部的滞后附加相移相加，易满足自激振荡条件，从而使电路不稳定。

实用微分电路如图 4-21(a)所示，它在输入端串联了一个小电阻 R_1，以限制输入电

流；同时在 R 上并联稳压二极管，以限制输出电压，这就保证了集成运算放大器中的放大管始终工作在放大区。另外，在 R 上并联小电容 C_1，起相位补偿作用。该电路的输出电压与输入电压近似为微分关系，当输入为方波，且 $RC \ll T/2$ 时，输出为尖顶波，波形如图 4-21(b)所示。

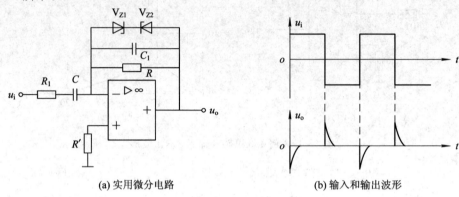

| (a) 实用微分电路 | (b) 输入和输出波形 |

图 4-21　实用微分电路及波形

微分运算电路对输入信号中的高频干扰和突然出现的干扰等非常灵敏，会有较大的输出电压，将使电路性能下降，工作不稳定，因此应用较少。

三、有源滤波电路

在电子技术和控制系统领域中，广泛使用着滤波电路。它的作用是让负载需要的某一频段的信号顺利通过电路，而其他频段的信号被滤波电路滤除，即过滤掉负载不需要的信号。

1. 滤波电路分类

对于幅频特性，通常把能够通过的信号频率范围定义为通带，而把受阻或衰减的信号频率范围称为阻带，通带与阻带的界限频率称为截止频率。

按照通带与阻带的相互位置不同，滤波电路通常可分为四类，即低通滤波（LPF）电路、高通滤波（HPF）电路、带阻滤波（BEF）电路和带通滤波（BPF）电路。四类滤波电路的幅频特性如图 4-22 所示，其中实线为理想特性，虚线为实际特性。各种滤波电路的实际幅频特性与理想情况是有差别的，设计者的任务是力求向理想特性逼近。

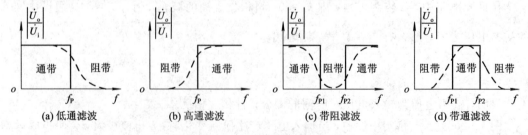

| (a) 低通滤波 | (b) 高通滤波 | (c) 带阻滤波 | (d) 带通滤波 |

图 4-22　四类滤波电路的幅频特性

按滤波电路中是否包含有源器件（需要提供电源才能正常工作的器件，如集成运算放大器）可分为无源滤波电路和有源滤波电路。由 R、C、L 等元件组成的滤波电路称为无源滤波电路或无源滤波器，无源滤波器带负载能力和频率特性都比较差。若滤波电路中包含有源器件这样的滤波器称为有源滤波器,与无源滤波器相比较,有源滤波器具有体积小、频率特性好,有放大能力,并且有一定的带负载能力等优点,因而在通信、测量及自动控制系统等领域应用非常广泛,下面简要介绍有源滤波器。

2. 有源滤波器简介

在有源滤波器中,集成运算放大器作为放大元件使用,所以集成运算放大器工作在线性区。如图 4-23 所示,图(a)、(b)均为一阶有源低通滤波器,其作用是让频率低于某一数值(如 f_L)的信号通过,而阻止频率高于这一数值的信号通过。根据集成运算放大器的特征和 R、C 元器件的特性,可以推导出:

低通信号电压放大倍数:

$$A_{ufo} = 1 + \frac{R_F}{R_1}$$

截止频率:

$$f_L = \frac{1}{2\pi RC}$$

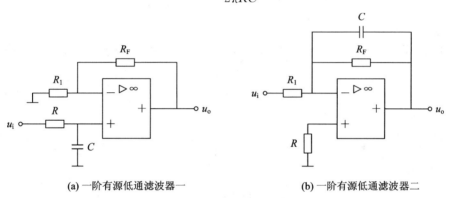

(a) 一阶有源低通滤波器一　　　　**(b) 一阶有源低通滤波器二**

图 4-23　两种一阶有源低通滤波器

电压放大倍数下降为通带电压放大倍数的 0.707 倍时对应的频率称为截止频率。

电路的幅频特性如图 4-24 所示。由幅频特性曲线可知,当信号频率 $f > f_L$ 以后,电压放大倍数下降很快,即高于 f_L 的高频信号被衰减,低于 f_L 的低频信号可通过,故为低通滤波器。

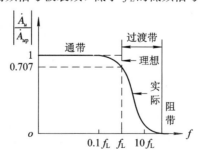

图 4-24　低通滤波器幅频特性

可见,调节电路参数 R、C,就可以调节低通滤波电路所通过信号的频率范围。此外,有源滤波电路输出信号的幅度不但不会衰减,还可以被放大,这是无源滤波电路所不可能做到的。

根据上述原理,可以构建各种性能优异的低通、高通、带通等各种类型的有源滤波电路。

4.2.4 集成运算放大器的非线性应用

一、非线性应用条件及分析方法

1. 非线性应用条件

集成运算放大器非线性应用的条件是集成运算放大器处于开环或正反馈状态，电路如图 4-25 所示。

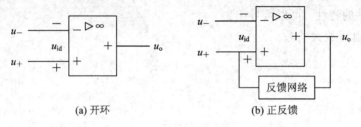

(a) 开环　　　　　　　　　　(b) 正反馈

图 4-25　集成运算放大器的非线性应用的电路状态

2. 分析方法

开环时，当 u_+ 为同相输入电压，u_- 为反相输入电压，则运算放大器差模输入电压 $u_{id} = u_+ - u_-$，而 $u_o = A_{ud} u_{id} = A_{ud}(u_+ - u_-)$，由于 $A_{ud} \rightarrow \infty$，则有：

当 $u_{id} < 0$ 时，$u_o = +U_{o(sat)}$；

当 $u_{id} > 0$ 时，$u_o = -U_{o(sat)}$；

当 $u_{id} = 0$ 时，u_o 发生跳变。

二、基本电路

电压比较器的作用是对输入的信号进行幅度鉴别和比较，将鉴别或比较的结果，用高电平或低电平形式输出。它是模拟电路与数字电路联系的桥梁，广泛用于自动控制、测量、波形产生与变换等方面。

1. 单值电压比较器

单值电压比较器的电路及传输特性曲线如图 4-26 所示。

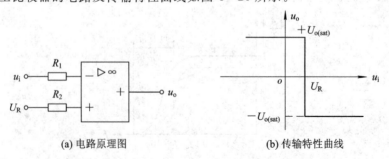

(a) 电路原理图　　　　　　　　　(b) 传输特性曲线

图 4-26　单值电压比较器

电路的工作情况如图(b)所示，当 $u_i < U_R$ 时，即 $u_- < u_+$ 输出电压 $u_o = +U_{o(sat)}$；当 $u_i > U_R$ 时，即 $u_- > u_+$，输出电压 $u_o = -U_{o(sat)}$。当 $U_R = 0$ 时，构成过零比较器。单值电压比较器存在抗干扰能力差的缺点，例如，在输入信号上叠加一个小幅度的干扰信号，则比较器会把这些信号转换为干扰脉冲输出。

2. 滞回电压比较器

具有滞回特性的电压比较器能克服单值电压比较器的抗干扰能力差的缺点，具有一定的抗干扰能力，图 4 - 27(a)就是常用的滞回比较器。

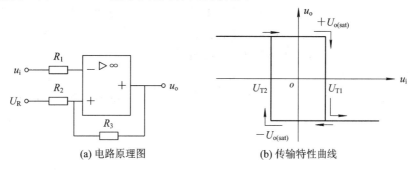

(a) 电路原理图　　　　　(b) 传输特性曲线

图 4 - 27　滞回电压比较器电路原理图及传输特性曲线

滞回电压比较器是在单值比较器的基础上，从输出端引出一个电阻分压支路到同相接入端，形成正反馈。由于输出端有 $+U_{\text{o(sat)}}$ 和 $-U_{\text{o(sat)}}$ 两个可能的取值，因此该电路存在两个阈值电压，即

$$U_{\text{T1}} = \frac{U_{\text{o(sat)}} R_2 + U_R R_3}{R_2 + R_3}$$

$$U_{\text{T2}} = \frac{-U_{\text{o(sat)}} R_2 + U_R R_3}{R_2 + R_3}$$

若初始时刻 u_i 很小，满足 $u_- < u_+$，则输出 $u_o = +U_{\text{o(sat)}}$，$u_+ = U_{\text{T1}}$，当输入信号 u_i 由小变大，在 u_i 达到或稍大于阈值电压 U_{T1} 时，使得 $u_- > u_+$，输出电压 u_o 翻转为 $-U_{\text{o(sat)}}$，若 u_i 继续增大，输出 $u_o = -U_{\text{o(sat)}}$ 保持不变；若初始时刻 u_i 很大，满足 $u_- > u_+$，则输出 $u_o = -U_{\text{o(sat)}}$，$u_+ = U_{\text{T2}}$，当 u_i 由大变小，在 u_i 达到或稍小于阈值电压 U_{T2} 时刻，输出电压 u_o 翻转为 $+U_{\text{o(sat)}}$，若 u_i 继续减小，输出 $u_o = +U_{\text{o(sat)}}$，并保持不变。可见 u_i 由小变大和由大变小来回变化时，使 u_o 产生跳变的阈值电压是不相同的，它的电压传输特性如图 4 - 27(b)所示，与磁滞回线类似，故称这种比较器为滞回比较器。我们称 U_{T1} 为上限阈值电压，U_{T2} 为下限阈值电压，其差值 $U_H = U_{\text{T1}} - U_{\text{T2}}$ 称为回差电压。

回差电压的大小表示比较器的抗干扰能力，只要干扰信号的峰值小于半个回差电压，比较器就不会因干扰而动作，从而提高了抗干扰能力。改变 R_2、R_3 及 U_R 大小，可改变阈值电压和回差电压的大小。若 $U_R = 0$，则 $U_{\text{T1}} = -U_{\text{T2}}$，电路的电压传输特性关于纵轴对称。

4.3　项目实施

4.3.1　集成运算放大器线性应用电路测试训练

一、测试目的

(1) 掌握用集成运算放大器组成各种基本运算电路的方法；

（2）了解集成运算放大器的外形、引脚功能及正确使用方法。

二、测试说明

集成运算放大器是一种具有高电压放大倍数的直接耦合多级放大电路，其用途非常广泛，几乎渗透到电子技术的各个领域。当其外部接入不同的线性或非线性元器件组成输入和负反馈电路时，可以方便的实现各种特定的函数关系。在线性应用方面，则可组成比例、加法、减法、积分、微分、对数等各种模拟运算电路。

1. 反相比例运算电路

反相比例运算电路如图 4－28 所示。若为理想运算放大电路，该电路的输出电压与输入电压之间的关系为

$$u_o = -\frac{R_F}{R_1} u_i$$

为了减小输入级偏置电流引起的运算误差，在同相输入端应接入平衡电阻 R_2，$R_2 = R_1 /\!/ R_F$。

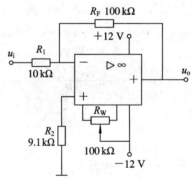

图 4－28 反相比例运算电路

2. 反相加法运算电路

电路如图 4－29 所示，输出电压与输入电压之间的关系为

$$u_o = -\left(\frac{R_F}{R_1} u_{i1} + \frac{R_F}{R_2} u_{i2}\right)$$

图中平衡电阻 R_3 的大小为 $R_3 = R_1 /\!/ R_2 /\!/ R_F$。

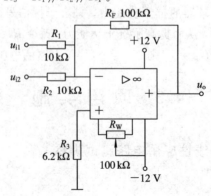

图 4－29 反相加法运算电路

3. 同相比例运算电路

图 4-30(a)是同相比例运算电路,它的输出电压与输入电压之间的关系为

$$u_o = \left(1 + \frac{R_F}{R_1}\right)u_i$$

图中平衡电阻 R_2 的大小为 $R_2 = R_1 /\!/ R_F$。

当 $R_1 \to \infty$ 时, $u_o = u_i$,即得到如图 4-30(b)所示的电压跟随器。图(b)中 $R_2 = R_F$, R_2 用以减小温度漂移和起保护作用。电压跟随器中 R_F 一般取 10 kΩ, R_F 太小起不到保护作用,太大则影响跟随器的性能。

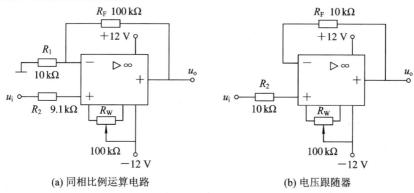

(a) 同相比例运算电路　　　　　　(b) 电压跟随器

图 4-30　同相比例运算电路

4. 减法运算电路(差动放大电路)

对于图 4-31 所示的减法运算电路,当 $R_1 = R_2$, $R_3 = R_F$ 时,有如下关系式

$$u_o = \frac{R_F}{R_1}(u_{i2} - u_{i1})$$

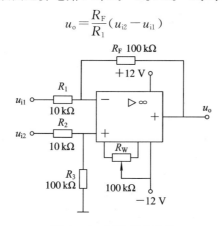

图 4-31　减法运算电路

5. 反相积分运算电路

反相积分运算电路如图 4-32 所示。在理想化条件下,输出电压

$$u_o(t) = -\frac{1}{R_1 C}\int_0^t u_i \mathrm{d}t + u_C(0)$$

式中 $u_C(0)$ 是 $t = 0$ 时刻电容 C 两端的电压值,即初始值。

如果 $u_i(t)$ 是幅值为 E 的阶跃电压,并设 $u_C(0) = 0$,则

$$u_o(t) = -\frac{1}{R_1 C}\int_0^t E\mathrm{d}t = -\frac{E}{R_1 C}t$$

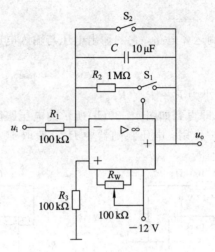

图 4-32 积分运算电路

即输出电压 $u_o(t)$ 随时间增长而线性下降。显然 RC 的数值越大，达到给定的 U_o 值所需的时间就越长。积分输出电压所能达到的最大值受集成运算放大器最大输出电压的限制。

在进行积分运算之前，首先应对集成运算放大器调零。为了便于调节，将图中开关 S_1 闭合，即通过电阻 R_2 的负反馈作用帮助实现调零。但在完成调零后，应将 S_1 打开，以免因 R_2 的接入造成积分误差。S_2 的设置一方面为积分电容放电提供通路，可实现积分电容初始电压 $u_C(0)=0$；另一方面，可控制积分起始点，即在加入信号 u_i 后，只要 S_2 打开，电容将被恒流充电，电路也就开始进行积分运算。

本训练所用的集成运算放大器 uA741 各引脚排列如图 4-33 所示，简易信号源如图 4-34所示。

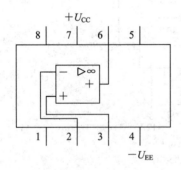

图 4-33 集成运算放大器 uA741 管脚图

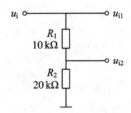

图 4-34 简易信号源

三、训练内容

1. 反向比例运算电路

(1) 按图 4-28 所示电路连接实验电路。

(2) 接通 ±12 V 直流电源，将电路输入端对地短接，用直流电压表监测输出端对地电压 U_o，同时调节 R_W 使 $U_o=0$。

（3）输入端对地加入 $f=1\text{ kHz}$、$U_i=0.5\text{ V}$ 的正弦信号，测量对应的输出电压 U_o，并用示波器观察 U_o 和 U_i 的波形，记入表 4-2 中。

表 4-2　反相比例运算

U_i/V	U_o/V	u_i波形	u_o波形	A_u 实测值	A_u 计算值

2. 同相比例运算电路

（1）按图 4-30(a)所示电路图连接实验电路，实验测试内容及步骤同上，结果记入表 4-3 中。

（2）将图 4-30(a)中的 R_1 断开，得如图 4-30(b)所示的电压跟随器，重复测试以上内容，结果记入表 4-3 中。

表 4-3　同相比例运算

U_i/V	U_o/V	u_i波形	u_o波形	A_u实测值	A_u 计算值

3. 反相加法运算电路

按图 4-29 及图 4-34 所示的电路图连接实验电路及信号源。输入 $f=1\text{ kHz}$，U_i 分别取 0.1 V、0.2 V、0.3 V、0.4 V、0.5 V 的正弦信号，测量对应的 U_{i1}、U_{i2} 及 U_o，记入表 4-4 中。

表 4-4　反相加法运算

U_{i1}					
U_{i2}					
U_o					

4. 减法运算电路

按图 4-31 所示电路图连接实验电路。信号源及实验测试内容同上，结果记入表 4-5 中。

表 4-5　减法运算

U_{i1}					
U_{i2}					
U_o					

5. 积分运算电路

(1) 按图 4-32 所示电路图连接实验电路。

(2) 打开开关 S_2，闭合开关 S_1，对运算放大器进行调零。

(3) 预先调好直流输入电压 $U_i = 0.5$ V，接入实验电路，打开开关 S_2，用直流电压表测量输出电压 U_o，每隔 5 s 读一次输出电压 U_o 并记入表 4-6 中，直到 U_o 不再明显增大为止。

表 4-6　积分运算

t/s	0	5	10	15	20	25	···
U_o/V							

四、预习及思考

1. 阅读教材中有关集成运算放大器的相关内容，并根据电路参数计算各电路输出电压的理论值。

2. 为了不损坏集成块，在测试中要注意哪些问题。

4.3.2　项目操作指导

一、制作工具、设备与测试仪器仪表

电路焊接工具：电烙铁(20 W～35 W)、烙铁架、焊锡丝、松香。
加工工具：剪刀、尖嘴钳、平口钳、螺丝刀、镊子等。
测试仪器仪表：万用表、示波器。

二、电路整体安装方案设计

电路整体安装方案设计如图 4-35 所示。

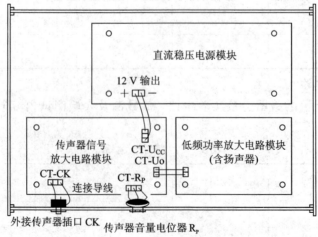

图 4-35　电路整体安装方案设计图

三、元器件检测与识别

1. 集成电路检测指导

一个确定型号的集成电路在使用前，必须对其作用、引脚排列及功能、各种电气性能参数等做全面了解，了解的途径有查阅相关集成电路手册或浏览相关网站、网页等。

集成电路的检测包括外观检测和电气性能检测两部分。外观检测可采用观测的方法看集成电路标志是否清晰，外表是否有划痕、裂纹、断脚等缺陷，金属表面是否氧化、锈蚀等；电气性能检测一般需要根据不同的集成电路类型，采用不同的专用仪器或设备进行检测，在没有条件的情况下，一般采用在电路中通过测量相关引脚上的电压、电流及输入、输出波形等电路参数的方法来判断其质量的好坏及性能的优劣。

2. 运算放大器 NE5532 介绍

NE5532 是高性能、低噪声运算放大器，与很多标准运算放大器(如 LM1458)相似，它具有较好的噪声性能、优良的输出驱动能力及相当高的小信号带宽与电源电压范围大等特点。NE5532 的引脚排布图如图 4 - 36 所示。

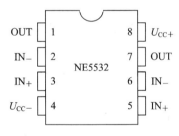

图 4 - 36　NE5532 引脚排布图

四、整机装配

1. 电路板装配

电路板装配应遵循"先低后高"的原则：先安装电阻 $R_1 \sim R_6$；后安装集成电路 IC 插座、瓷片电容器 C_2、C_4、C_6；再安装插座 CT - CK、CT - R_P、CT - U_o、CT - Ucc 以及测试端子 TP - U_i、TP - U_o 和一个接地端子 GND；最后安装电解电容 C_1、C_3、C_5、C_7。电路板上的元器件装配完毕后，将集成电路 IC(NE5532)按规定方向插入 IC 插座内。

2. 机座装配

按电路整体安装方案要求，将传声器插口 CK、音量电位器 R_P 安装在机座的面板上。按电路要求用加工好的连接导线分别连接传声器插口 CK、音量电位器 R_P。

3. 整机装连

将装配好的电路板固定在机座上，将传声器连接线连接至电路板 CT - CK，将音量电位器连接线连接至电路板 CT - R_P，将输出口 CT - U_o 连接线连接至低频功率放大电路电路板，将直流稳压电源＋12 V 输出线连接至电路板 CT - Ucc，如图 4 - 35 电路整体安装方案设计图所示。

端为虚地时,同相端所接的电阻起什么作用?

4. 集成运算放大器的实质是什么?它具有什么特点?

5. 分析图 4-37 所示的电路,回答下列问题:

(1) A1、A2、A3 与相应的元件各组成何种电路?

(2) 设 A1、A2、A3 均为理想运算放大器,输出电压 u_o 与 u_{i1}、u_{i2} 有何种运算关系(写出表达式)?

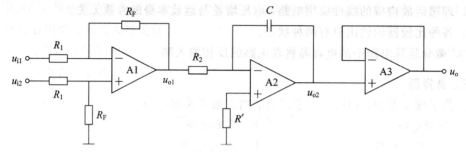

图 4-37　问答题 5

6. 电路如图 4-38 所示,试回答:

(1) 集成运放 A1 和 A2 各引入什么类型的反馈?

(2) 求闭环增益 U_o。

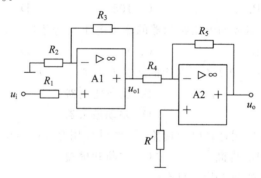

图 4-38　问答题 6

五、计算题

1. 在如图 4-39 所示电路中,已知 $R_1 = 2\ \text{k}\Omega$,$R_F = 5\ \text{k}\Omega$,$R_2 = 2\ \text{k}\Omega$,$R_3 = 18\ \text{k}\Omega$,$U_i = 1\ \text{V}$,求输出电压 U_o。

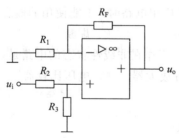

图 4-39　计算题 1

2. 如图 4 - 40 所示电路中，已知电阻 $R_F = 5R_1$，输入电压 $U_i = 5$ mV，求输出电压 U_o。

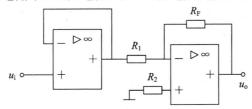

图 4 - 40　计算题 2

3. 理想运算放大器组成的电路如图 4 - 41 所示，已知输入电压 $u_{i1} = 0.6$ V，$u_{i2} = 0.4$ V，$u_{i3} = -1$ V。

（1）试求 u_{o1}、u_{o2} 和 u_{o3} 的值；

（2）设电容的初始电压值为零，求使 $U_o = -6$ V 所需的时间 $t = $？

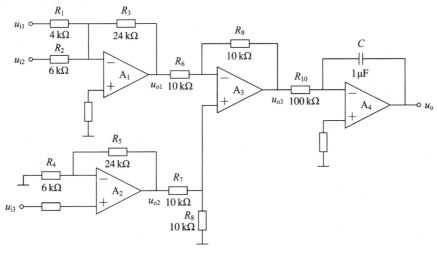

图 4 - 41　计算题 3

4. 电路如图 4 - 42(a) 所示，已知集成运算放大器的正、负输出电压 $\pm U_{om} = \pm 12$ V，$U_R = 1$ V，稳压管 V_Z 的稳定电压 $U_Z = 6$ V，正向导通电压为 0.7 V。

（1）求门限电压 U_{TH}；

（2）画出电压传输特性；

（3）已知 u_i 的波形如图 4 - 42(b) 所示，试对应 u_i 画出 u_o 波形。

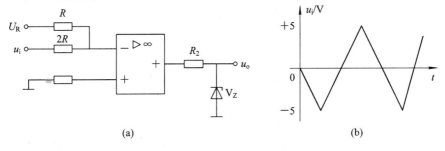

(a)　　　　　　　　　　　　　(b)

图 4 - 42　计算题 4

5. 电路如图 4-43(a) 所示，集成运算放大器的正、负输出电压 $\pm U_{om} = \pm 12$ V，$U_R = 2$ V，双向稳压管的稳定电压 $\pm U_Z = \pm 6$ V，$R_2 = 10$ kΩ，$R_3 = 30$ kΩ。

(1) 求门限电压 U_{TH1} 和 U_{TH2}。

(2) 画出电压传输特性；

(3) 已知 u_i 的波形如图 4-43(b) 所示，试对应 u_i 画出 u_o 波形。

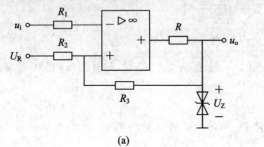

(a)

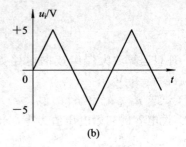

(b)

图 4-43 计算题 5

项目五　低频功率放大电路的制作与调试

【知 识 目 标】

(1) 了解低频功率放大电路的特点及其主要性能指标；

(2) 掌握低频功率放大电路的类型及其电路特性；

(3) 理解 OCL(无输出电容)功率放大电路的基本组成与电路特性；

(4) 理解 OTL(无输出变压器)功率放大电路的基本组成与电路特性；

(5) 理解集成功率放大电路的电路特性及工作原理。

【能 力 目 标】

(1) 了解大功率三极管、集成功率放大电路资料查阅、识别与选取方法；

(2) 能使用热敏电阻器、扬声器；

(3) 了解集成功率放大电路的安装、调试与检测方法；

(4) 熟悉万用表、电子电压表、示波器的使用。

5.1　项 目 描 述

功率放大(简称功放)电路是以功率放大为目的，它不但要能够向负载提供较大的工作电压，而且还要能够向负载提供较大的工作电流，使负载能够获得足够的功率，以完成相应的工作。在实际应用中如扬声器发声、继电器动作等，都需要相应的功率放大器为其提供驱动。

本项目任务是通过制作一个双声道集成功率放大电路，了解低频功率放大电路的特点、类型，掌握低频功率放大电路的相关知识点，了解低频功率放大电路的安装、调试方法。

5.1.1　项目学习情境：TDA2030A集成功率放大电路的制作与调试

图 5-1 所示电路为由 TDA2030A 组成的 OTL 电路原理图。

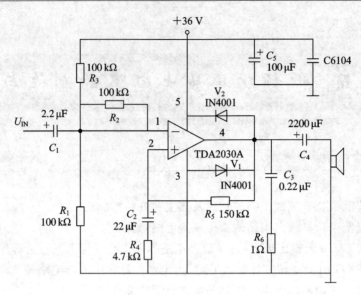

图 5 - 1 用 TDA2030A 组成的 OTL 电路

5.1.2 电路元器件参数及功能

TDA2030A 集成功率放大电路元器件参数如表 5 - 1 所示。

表 5 - 1 **TDA2030A 集成功率放大电路元器件参数表**

序号	元器件代号	名称	型号及参数	功　　能	数量
1	TDA2030 (带散热片)	集成功率放大电路	——	核心元件：集成功放块	1
2	C_1	电容器	CD11, 16 V, 2.2 μF	输入端耦合电容：耦合外接交流信号	1
3	C_4	电容器	CD11, 16 V, 2200 μF	兼有输出耦合电容和储能电源的作用	1
4	C_3 R_6	电容器 电阻器	CD11, 16 V, 0.22 μF RJ11, 0.5 W, 1 Ω	相位补偿	各1个
5	R_5 R_4 C_2	电阻器 电阻器 电容器	RJ11, 0.5 W, 150 kΩ RJ11, 0.5 W, 4.7 kΩ CD11, 16 V, 22 μF	构成串联电压负反馈，以提升音质	各1个
6	C_5 C_6	电容器 电容器	CD11, 16 V, 100 μF 104	电源去耦电路，消除放大电路级与级之间的共电耦合	各1个

续表

序号	元器件代号	名称	型号及参数	功　　能	数量
7	V	二极管	1N4001	起钳位和限压的作用,保护核心元件	2
8	R_1 R_2 R_3	电阻器 电阻器 电阻器	RJ11, 0.5 W, 100 kΩ RJ11, 0.5 W, 100 kΩ RJ11, 0.5 W, 100 kΩ	阻抗匹配	各1个

5.2　知　识　链　接

5.2.1　功率放大电路的概述

一、功率放大电路的特点

在实际应用电路中,通常要利用放大后的信号去控制某一负载工作,例如,声音信号经扩音器放大后驱动扬声器发声,传感器微弱的感应信号经电路放大后驱动继电器动作等,都需要电路有足够大的功率输出才能实现。一般,电压放大电路的信号输出幅度小,解决的主要问题只是电压的放大,其输出功率比较小。而功率放大的实质,就是要把电压放大电路输出的较大电信号进行功率放大,向负载提供足够大的输出功率。因此,功率放大电路不同于电压放大电路,两者比较如表5－2所示。

表5－2　功率放大电路与电压放大电路两者比较表

比较内容	电压放大电路	功率放大电路
功能	放大较小或微弱的电压信号	向负载提供较大的功率
晶体管工作状态	小信号工作,动态范围小,有一定的静态电流,甲类工作状态	工作在大信号状态或尽限运用,静态电流很小或为零,甲乙类或乙类工作状态
分析方法	微变等效电路法	图解法
输出波形	非线性失真小	失真限制在允许范围内
主要性能指标	增益、输入和输出电阻	最大不失真输出功率、效率、管耗
电路形式	三种组态,直接耦合、阻容耦合	单管功放,OCL、OTL,直接耦合或变压器耦合
研究重点	Q点,主要性能指标	主要性能指标,功放管的安全工作、散热和保护

二、功率放大电路的基本要求

功率放大电路不仅要有足够大的电压变化量，还要有足够大的电流变化量，这样才能输出足够大的功率，使负载正常工作。因此，对功率放大电路有以下几个基本要求。

1. 输出功率要大

功率放大器的主要目的是为负载提供足够大的输出功率。在实际使用时，除了要求选用的功放管具有较高的工作电压和较大的工作电流外，选择适当的功率放大电路、实现负载与电路的阻抗匹配等，也是电路有较大输出功率的关键。

2. 效率要高

功率放大电路的输出功率由直流电源 U_{CC} 提供。由于功放管及电路自身的损耗，电源提供的功率 P_E 一定要大于负载获得的输出功率 P_o，我们把 P_o 与 P_E 之比称为电路的效率 η，即 $\eta = P_o / P_E$，显然功率放大电路的效率越高越好。

3. 非线性失真要小

由于功率放大电路工作在大信号放大状态，信号的动态范围大，功率放大管工作易进入非线性范围。因此，功率放大电路必须想办法解决非线性失真的问题，使输出信号的非线性失真尽可能地减小。

4. 功放管要有保护措施

功率放大电路在工作时，功率放大管消耗的能量将使其自身温度升高，不但影响其工作性能，甚至导致其损坏，因此，功放管需要采取安装散热片等散热保护措施。另外，为了保证功放管安全工作，还应采用过压、过流等保护措施。

三、功率放大电路的分类

功率放大电路有以下几种分类方式：按放大信号频率分，可分为低频功率放大电路（用于放大音频范围（几十至几千赫兹）的信号）和高频功率放大电路（放大射频范围（几百千至几十兆赫兹）的信号）；按电路中三极管的工作状态分，可分为甲类功率放大电路、乙类功率放大电路和甲乙类功率放大电路；按功率放大电路输出端特点分，可分为有输出变压器功率放大电路、无输出变压器放大电路（OTL 功放电路）、无输出电容器功率放大电路（OCL 功放电路）和桥式无输出变压器功率放大电路（BTL 功放电路）。

甲类功率放大电路的特征是工作点在负载线段的中点，在输入信号的整个周期内，晶体管均导通并有电流流过，功放的导通角 $\theta = 360°$。

乙类功率放大电路的特征是工作点设置在截止区，在输入信号的整个周期内，晶体管仅在半个周期内导通并有电流流过，功放的导通角 $\theta = 180°$。

甲乙类功率放大电路的特征是工作点设置在放大区，但很接近截止区，管子在大半个周期内导通并有电流流过，功放的导通角 $180° < \theta < 360°$。

在甲类功率放大电路中，由于在信号全周期范围内管子均导通，故非线性失真较小，但是输出功率和效率均较低，因而在低频功率放大电路中主要用乙类或甲乙类功率放大电路。

各类功率放大电路的 Q 点及其信号输出波形，如图 5-2 所示。

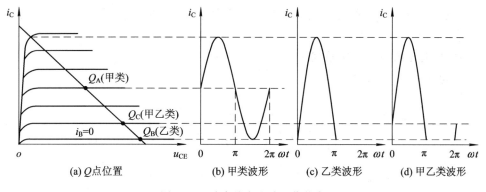

图 5-2　功率放大电路工作状态

四、功率放大电路的主要性能指标

1. 最大输出功率 P_o

电路的最大输出功率

$$P_{oM} = U_{oM} I_{oM}$$

式中，I_{oM} 表示输出电流的振幅，U_{oM} 表示输出电压的振幅。

2. 效率 η

电路的效率等于负载获得的信号功率 P_o 与电源提供的直流功率 P_E 之比，即

$$\eta = \frac{P_o}{P_E}$$

3. 非线性失真系数 THD

由于功放三极管的非线性，导致电路在输入单一频率的正弦信号时，输出信号为非单一频率的正弦信号，即产生非线性失真。非线性失真的程度用非线性失真系数 THD 来衡量，非线性失真系数 THD 的大小等于非信号频率成分强度与信号频率成分强度之比，即

$$非线性失真系数 = \frac{非信号频率成分强度}{信号频率成分强度}$$

五、提高输出功率的方法及提高效率的方法

1. 提高输出功率 P_o 的方法

① 提高电源电压，以增大输出电压、电流；

② 改善器件的散热条件。

2. 提高效率 η 的方法

① 改善功放管的工作状态，即采用互补对称电路；

② 选择最佳负载。

5.2.2　基本功率放大电路介绍

一、乙类双电源互补对称功率放大电路(OCL 电路)

乙类功放具有能量转换效率高的特点，常作为功率放大器，但其只能放大半个周期的

信号，故常采用两个对称的乙类放大电路分别放大正、负半周的信号，使输出为完整的正弦波信号。

1. OCL 电路结构及工作原理

OCL 电路如图 5-3 所示。

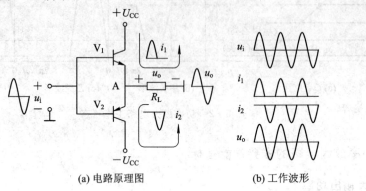

(a) 电路原理图   (b) 工作波形

图 5-3 OCL 电路

1) 电路的组成

三极管 V_1 为 NPN 管，V_2 为 PNP 管，要求 V_1、V_2 管特性对称，并且正、负电源对称。当信号源为零时，偏流为零，V_1、V_2 管均工作在乙类放大状态。

2) 电路的工作原理

(1) 静态工作情况。

当 $u_i = 0$ 时，$I_{CQ} = 0$，V_1、V_2 管均工作在截止区，故 $u_o = 0$。

(2) 动态分析。

当输入加一正弦信号 u_i 时，在 u_i 正半周，由于 $u_i > 0$，因此 V_1 管导通，V_2 管截止，i_1 流过 R_L；在 u_i 负半周，由于 $u_i < 0$，因此 V_1 管截止，V_2 管导通，i_2 流过 R_L；i_1 与 i_2 方向相反，如图 5-4 所示。

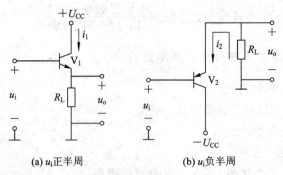

(a) u_i 正半周   (b) u_i 负半周

图 5-4 OCL 电路动态分析中 i_1 与 i_2 的方向

由图知，V_1、V_2 管交替工作，流过 R_L 的电流为一完整的正弦波信号。

2. 电路指标计算

双电源互补对称电路的图解法分析如图 5-5 所示。图(a)为 V_1 管导通时的工作情况。图(b)是将 V_2 管的导通特性倒置后与 V_1 特性画在一起，让静态工作点 Q 重合而形成的两管合成曲线。图(b)中交流负载线为一条通过静态工作点的斜率为 $-1/R_L$ 的直线 AB。由图

(b)可看出输出电流、电压的最大允许变化范围分别为 $2I_{CM}$ 和 $2U_{CEM}$，I_{CM} 和 U_{CEM} 分别为集电极正弦电流和电压的振幅值。

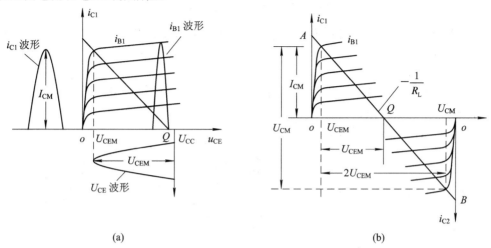

(a)   (b)

图 5-5　图解法分析

下面介绍有关指标的计算。

1）输出功率 P_o

$$P_o = \frac{U_{CEM}}{\sqrt{2}} \frac{I_{CM}}{\sqrt{2}} = \frac{1}{2} I_{CM} U_{CM} = \frac{1}{2} \frac{U_{CEM}^2}{R_L} \tag{5-1}$$

当考虑饱和压降 U_{CES} 时，输出的最大电压幅值为

$$U_{CEM} = U_{CC} - U_{CES} \tag{5-2}$$

一般情况下，输出电压的幅值 U_{CEM} 总是小于电源电压 U_{CC} 的值，故引入电源利用系数 ξ，即

$$\xi = \frac{U_{CEM}}{U_{CC}} \tag{5-3}$$

将式(5-3)代入式(5-1)中得

$$P_o = \frac{1}{2} \frac{U_{CEM}^2}{R_L} = \frac{1}{2} \frac{\xi^2 U_{CC}^2}{R_L} \tag{5-4}$$

当忽略饱和压降 U_{CES}，即 $\xi=1$ 时，输出功率 P_{oM} 可按下式进行估算：

$$P_{oM} = \frac{1}{2} \frac{U_{CC}^2}{R_L}$$

2）效率 η

效率可由式(5-3)来确定，为此应先求出电源供给的功率 P_E。

在乙类互补对称放大电路中，每个晶体管的集电极电流的波形均为半个周期的正弦波形，如图 5-6 所示。

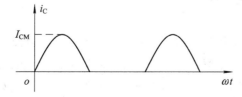

图 5-6　乙类互补对称放大电路波形图

因此,直流电源 U_{CC} 供给的功率

$$P_{E1} = I_{av1}U_{CC} = \frac{1}{\pi}I_{CM}U_{CC} = \frac{1}{\pi}\frac{U_{CEM}}{R_L}U_{CC} = \frac{\xi}{\pi}\frac{U_{CC}^2}{R_L}$$

因考虑是正负两组直流电源供电,故总的直流电源的供给功率

$$P_E = \frac{2\xi}{\pi}\frac{U_{CC}^2}{R_L} \qquad (5-5)$$

显然,直流电源供给的功率 P_E 与电源利用系数成正比。当静态时,$U_{CEM}=0$,$\xi=0$,故 $P_E=0$。当 $\xi=1$ 时,P_E 值最大。

由(5-4)、(5-5)两式,得

$$\eta = \frac{P_o}{P_E} = \frac{\pi}{4}\xi$$

当 $\xi=1$ 时,效率最高,即

$$\eta_M = \frac{\pi}{4} \approx 78.5\%$$

3. OCL 电路中三极管的选择

在功放电路中,应根据三极管所承受的最大管压降、集电极最大电流和最大功耗来选择三极管。

1)最大管压降 U_{CEM}

考虑应留有一定的余量,管子承受最大的管压降为

$$U_{CEM} = 2U_{CC}$$

2)集电极最大电流 I_{CM}

从电路最大输出功率的分析可知,三极管的发射极电流等于负载电流,负载上的电压为 $U_{CC}-U_{CES}$,故集电极电流的最大值

$$I_{CM} = I_{EM} = \frac{U_{CC}-U_{CES}}{R_L}$$

考虑留有一定的余量,则

$$I_{CM} = \frac{U_{CC}}{R_L}$$

3)集电极最大功耗 P_{CM}

集电极功耗 $P_C = P_E - P_o = \frac{U_{CC}^2}{R_L}\left(\frac{2}{\pi}\xi - \frac{1}{2}\xi^2\right)$,这是一个抛物线方程,当 $\xi=\frac{2}{\pi}$ 时,P_C 最大,$P_{CM} \approx 0.4 P_{oM}$,则每管的功率损耗为其一半。

由此得出,在互补对称功率放大电路中选择功率管的原则如下:

$$P_{CM} \geqslant 0.2P_{oM}, U_{CEO} \geqslant 2U_{CC}, I_{CM} \geqslant I_{oM}$$

4. 存在的问题及解决的方法

1)交越失真

实际中,三极管输入特性的门限电压不为零,且电压、电流关系也不是线性关系,当输入电压较低时,输入基极电流很小,故输出电流也十分小,输出电压在输入电压较小时存在一小段死区,在此段输出电压与输入电压不存在线性关系,从而产生了失真,由于这种失真出现在通过零值处,故称为交越失真,交越失真波形如图 5-7 所示。

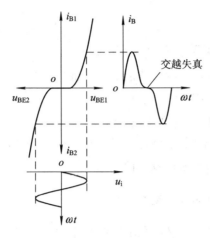

图 5-7　交越失真波形图

　　克服交越失真的措施：避开死区电压，使每一个三极管都处于微导通状态。当输入信号加入时，三极管立即进入线性放大工作区；而在静态时，虽然每一个三极管都处于微导通状态，但由于电路对称，两管静态电流相等，流过负载电流为零，从而消除了交越失真。

　　2）用复合管组成互补对称电路

　　由于功率放大电路的输出电流一般都要求很大，因此需要复合管进行电流放大。例如，当有效值为 12 V 的输出电压加至 8 Ω 的负载上时，将有 1.5 A 的有效值电流流过功率管，其振幅值约为 2.12 A。而一般功率管的电流放大系数均不大，若设 $\beta=20$，则要求基极推动电流为 100 mA 以上，这样大的电流由前级供给是十分困难的，因此需要进行电流放大。

　　一般通过复合管来解决电流放大的问题，即将第一管的集电极或发射极接至第二管的基极，从而构成复合管。具体的接法如图 5-8 所示。

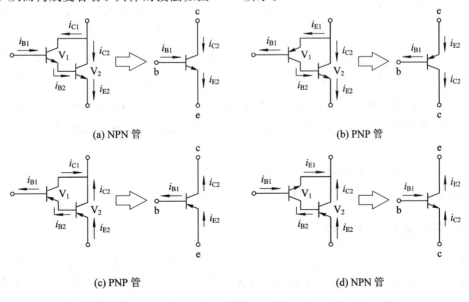

(a) NPN 管　　　　　　　　　　　　　　　　(b) PNP 管

(c) PNP 管　　　　　　　　　　　　　　　　(d) NPN 管

图 5-8　复合管

【说明】:

① 复合管的等效电流放大系数 $\beta = \dfrac{I_{C2}}{I_{B1}} \approx \beta_1 \beta_2$;

② 复合管的类型决定于一个三极管的类型,如第一个三极管是 NPN 型,第二个三极管是 PNP 型,则复合管为 NPN 型。

③ 功率放大电路中,功率管均采用复合管。

以上是 OCL 电路的介绍,其电路优点是低频特性好、输出与输入跟随性好、带负载能力强;不足之处是 OCL 电路需采用双电源供电。

二、单电源互补对称功率放大电路(OTL 电路)

OTL 电路是输出有电容,无耦合变压器的功率放大电路,如图 5-9 所示,其中电容为储能元件,代替 OCL 电路中一个直流电源的作用。

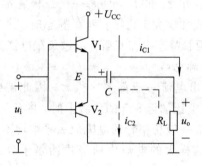

图 5-9 OTL 电路

图中,管子工作在乙类状态。静态时,因电路对称,两个管子的发射极 E 点电位为 $U_{CC}/2$,负载中没有电流。电容两端的电压也稳定在 $U_{CC}/2$,这样两管的集-射极之间如同分别加上 $U_{CC}/2$ 和 $-U_{CC}/2$ 的电源电压。

动态时,在输入信号正半周,V_1 导通,V_2 截止,V_1 以射极输出的形式向负载 R_L 提供电流,使得负载 R_L 上得到正半周输出电压,同时对电容 C 充电;在输入信号负半周,V_1 截止,V_2 导通,电容 C 通过 V_2、R_L 放电,V_2 也以射极输出的形式向负载 R_L 提供电流,负载 R_L 上得到负半周输出电压,电容 C 这时起负电源作用。这样,负载 R_L 上就得到一个完整的信号波形。

由此可以看出,除 C 代替一个电源外,OTL 电路的工作过程与双电源相同,功率和效率的计算也相同,只需将公式中的 U_{CC} 用 $U_{CC}/2$ 代替即可。

5.2.3 集成功率放大电路简介

随着集成工艺的进步和集成功率放大电路的发展,将功放电路集成在一起,从而形成集成功率放大电路。为了改善频率特性、减小非线性失真,很多电路内部引入了深度负反馈,另外,集成功放内部均有保护电路,以防止功放管过流、过压、过损耗等。

目前国内外的集成功率放大器已有多种型号的产品,它们都具有体积小、工作稳定、易于安装和调试等优点，对于使用者来说，只要了解其外部特性和外接线路的正确连接方法，就能很方便地使用它们。以下是集成功率放大器的引脚排列和应用电路。

1. LM386 集成功率放大器的引脚排列和应用电路

LM386 是小功率音频放大器集成电路，其额定工作电压范围为 4 V～16 V，具体参数可查阅电子元器件手册。图 5-10 所示是 LM386 外形、管脚排列图，图 5-11 所示是用其组成的 OTL 电路。

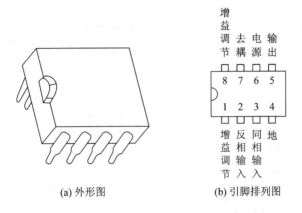

(a) 外形图　　　　(b) 引脚排列图

图 5-10　LM386 外形图、引脚图

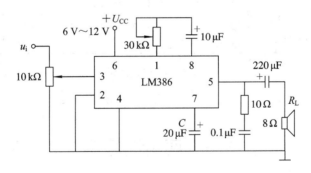

图 5-11　LM386 集成功放应用电路

在用 LM386 组成的应用电路中，7 脚接去耦电容 C，5 脚输出端所接 10Ω 电阻和 0.1 μF 电容串联网络都是为了防止电路自激而设置的，通常可以省去不用。1、8 脚所接阻容网络是为了调整电路的电压增益而附加的，电容的取值为 10 μF，R 约为 20 kΩ，R 值越小，增益越大。1、8 脚间也可以开路使用。综上所述，LM386 用于音频功率放大时，最简单的电路只需要一只输出电容再接扬声器；当需要高增益时，也只需再增加一只 10 μF 的电容端接在 1、8 脚之间即可。

2. TDA2030 集成功率放大器的引脚排列和应用电路

TDA2030 集成功率放大器，是一种适用于高保真立体声扩音机，即收录机中的音频功率放大集成电路。其外接引线和外接元件少，内部设有短路保护和热切断保护电路。电源电压范围为 ±6 V～±18 V，具体参数可查阅电子元器件手册。图 5-12 是 TDA2030 的外形、管脚排列图和用其组成的典型应用电路。

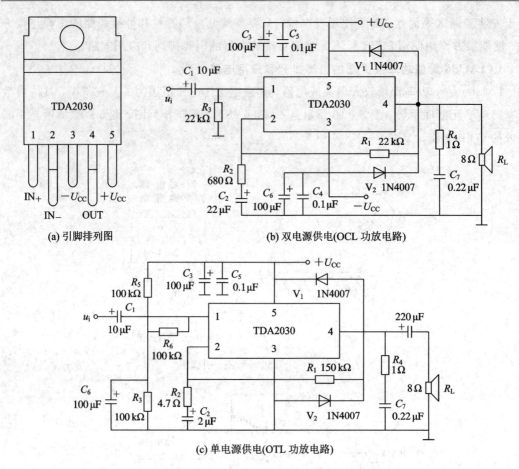

(a) 引脚排列图　　(b) 双电源供电(OCL 功放电路)

(c) 单电源供电(OTL 功放电路)

图 5－12　TDA2030 引脚排列图及应用电路

5.3　项目实施

5.3.1　OTL 低频功率放大器测试训练

一、训练目的

(1) 熟悉 OTL 功率放大器的工作原理；
(2) 学习 OTL 功率放大器基本性能指标的测试方法。

二、训练说明

图 5－13 所示为 OTL 低频功率放大器。其中由晶体三集管 V_1 组成推动级(也称前置放大级)，V_2、V_3 是一对参数对称的 NPN 和 PNP 型晶体三极管，它们组成互补推挽 OTL 功放电路。由于每个三极管都接成射极输出形式，因此具有输出电阻低，负载能力强等优点，适合作功率输出级。V_1 管工作在甲类状态，它的集电极电流 I_{C1} 由电位器 R_{W1} 进行调节。I_{C1} 的一部分流经电位器 R_{W1} 及二极管 V_4，给 V_2、V_3 提供偏压。调节 R_{W1}，可以使 V_2、

V_3得到合适的静态电流而工作在甲乙类状态，以克服交越失真。静态时要求输出端中点 A 的电位 $U_A = 0.5U_{CC}$，可以通过调节 R_{W1} 来实现，又由于 R_{W1} 的一端接在 A 点，因此在电路中引入了交、直流电压并联负反馈，在稳定放大器的静态工作点的同时，也改善了非线性失真。

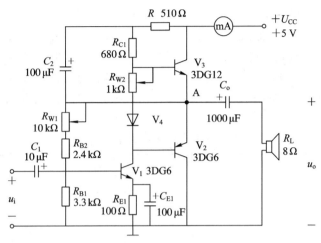

图 5-13　OTL 低频功率放大器

当输入正弦交流信号 u_i 时，经 V_1 放大、倒相后同时作用于 V_2、V_3 的基极，在 u_i 的负半周期使 V_2 导通（V_3 截止），有电流通过负载 R_L，同时向电容 C_o 充电；在 u_i 的正半周期，V_3 导通（V_2 截止），则已充好电的电容 C_o 起着电源的作用，通过负载 R_L 放电，这样就在 R_L 得到完整的正弦波。

OTL 电路的主要性能指标有：

(1) 最大不失真输出功率 P_{oM}。$P_{oM} = \dfrac{U_{oM}^2}{R_L}$。

(2) 效率 η。$\eta = \dfrac{P_{oM}}{P_E} \times 100\%$，其中 $P_E = U_{CC} I_{DC}$。

(3) 输入灵敏度。输入灵敏度是指输出最大不失真功率时，输入信号 U_i 的值。

(4) 频率响应。

三、训练内容

1. 静态工作点的调试

按图 5-13 连接实验电路，将输入信号旋钮旋至零（$U_i = 0$），电源进线中串入直流毫安表，电位器 R_{W2} 置最小值，R_{W1} 置中间值。接通 +5 V 电源，观察毫安表指示，同时用手触摸输出级管子，若电流过大，或管子升温显著，应立即断开电源检查原因（如 R_{W2} 开路，电路自激，或输出管性能不好等）。如无异常现象，可开始调试。

1）调节输出端中点电位 U_A

调节电位器 R_{W1}，用直流电压表测量 A 点电位，使 $U_A = 0.5U_{CC}$。

2）调整输出级静态电流及测试各级静态工作点

调节 R_{W2}，使 V_2、V_3 的 $I_{C2} = I_{C3} = 5$ mA~10 mA。从减小交越失真角度而言，应适当

加大输出级静态电流，但该电流过大，会使效率降低，所以一般以 5 mA～10 mA 左右为宜。由于毫安表是串在电源进线中，因此测得的是整个放大器的电流，但一般由于 V_1 的集电极电流 I_{C1} 较小，从而可以把测得的总电流近似当作末级的静态电流。如要准确地达到末级静态电流，则可从总电流中减去 I_{C1} 之值。

调整输出级静态电流的另一方法是动态调试法。先使 $R_{W2}=0$，在输入端接入 $f=1$ kHz 的正弦信号 U_i。逐渐加大输入信号的幅值，此时，输出波形应出现较严重的交越失真（注意，没有饱和和截止失真），然后缓慢增大 R_{W2}，当交越失真刚好消失时，停止调节 R_{W2}，恢复 $U_i=0$，此时直流毫安表读数即为输出级静态电流。一般读数也应在 5 mA～10 mA 左右，如果该值过大，则要检查电路。输出级电流调好后，测量各级静态工作点，记入表 5-3。

表 5-3 各级静态工作点

	V_1	V_2	V_3
U_B/V			
U_C/V			
U_E/V			

2. 最大输出功率 P_{oM} 和效率 η 的测试

1）测量 P_{oM}

输入端接入 $f=1$ kHz 的正弦信号 u_i，输出端用示波器观察输出电压 u_o 波形。逐渐增大 u_i，在使输出电压达到最大不失真输出时，用交流毫伏表测出负载 R_L 上的电压 U_{oM}，则

$$P_{om}=\frac{U_{oM}^2}{R_L}$$

2）测量 η

当输出电压为最大不失真输出时，读出直流毫安表中的电流值，此电流即为直流电源供给的平均电流 I_{DC}，由此可以近似求得 $P_E=U_{CC}I_{DC}$，再根据上面测得的 P_{oM}，则可求出

$$\eta=\frac{P_{oM}}{P_E}$$

3. 输入灵敏度测试

根据输入灵敏度的定义，只要测出输出功率 $P_o=P_{oM}$ 时的输入电压值 U_i 即可。

4. 频率响应的测试

测量方法同项目三（3.3.1 负反馈放大电路测试训练（2）测量通频带），使输入信号频度为 1 kHz，用交流毫伏表监测 U_i 的幅度；增加和减小输入信号的频率（频率改变时应维持 U_i 数值不变），用示波器监测 U_o 的幅度，记录每次对应的信号频率及输出电压，计算电压放大倍数，直至输出电压 U_o 降至中频时的 0.7 倍，此时所对应的频率即为上限截止频率 f_H 和下限截止频率 f_L，将测量结果记入表 5-4 中。

表 5－4　频率响应的测试

	U_i			f_L			f_H	
f/Hz								
U_o/V								
A_u								

在测试时，为了保证电路的安全，应在较低电压下进行，通常取输入信号为输入灵敏度的 50％。在整个测量过程中，应保持 U_i 为恒定值，且输出波形不得失真。

5. 研究自举电路的作用

(1) 测量有自举电路且 $P_o=P_{oM}$ 时的电压增益 $A_u=U_{oM}/U_i$。

(2) 将 C_2 开路，R 短接（无自举），再测量 $P_o=P_{oM}$ 的 A_u。

用示波器观察(1)、(2)两种情况下的输出电压波形，并将以上两项测量结果进行比较，分析研究自举电路的作用。

5.3.2　项目操作指导

一、元器件检测与识别

1. 扬声器

1) 扬声器的类型

扬声器有以下几种分类方式：根据换能原理的不同，可分为电动式（动圈式）、电磁式（舌簧式）、静电式（电容式）和压电式（晶体式），实际工作中最常使用的是电动式扬声器。根据频响特性的不同，可分为全频带扬声器、低频单元扬声器、中频单元扬声器、中高频单元扬声器和高频单元扬声器,音箱常常是几种不同频率扬声器的组合。

2) 电动纸盆式扬声器的结构与原理

电动纸盆式扬声器又称为低音喇叭，常见电动纸盆式扬声器的外形与内部结构如图 5－14所示。

图 5－14　电动纸盆式扬声器的外形与内部结构

其中，盆架、纸盆、音圈、弹性片、弹性边构成扬声器振动系统，环形磁铁（永久磁铁）、软铁与磁隙一起构成扬声器磁路系统。弹性片把音圈固定在磁隙的正中，磁隙中存在强磁场,当音频信号电流通过音圈时,音圈在磁场力的作用下,将带着纸盆振动,从而发出声音。

3)扬声器的主要性能指标

(1)额定功率:在额定不失真的范围内所允许的最大的输出功率,又称为标称功率。扬声器的最大功率一般为标称功率的2~3倍。

(2)额定阻抗:指发出400 Hz的音频时,从扬声器输入端测得的阻抗。扬声器的额定阻抗一般是音圈直流电阻的1.2~1.5倍,常见的阻抗有4 Ω、8 Ω、16 Ω、32 Ω等。

(3)频响特性:指扬声器能较好地重现音频信号的频率范围。扬声器的频响特性与其直径和阻抗有关,如直径大于200 mm、阻抗为4 Ω的扬声器低频特性较好,而直径小于75 mm、阻抗大于16 Ω的扬声器的高频特性较好。

(6)灵敏度:指在输入扬声器单元1 W的电功率下,在扬声器轴线方向离开1 m远的地方测得的声压级大小,在输入相同信号功率的前提下,灵敏度较高的扬声器能发出较大的声音。

4)扬声器的使用

(1)正确选择扬声器的类型。在室外使用时,应选用电动号筒式扬声器;在室内使用时,应选用电动纸盆式扬声器,并选好辅助音箱;要求还原高保真度声音时,应选用优质的组合音箱。

(2)扬声器在电路中得到的功率应小于它的额定功率,否则会烧毁音圈或将音圈振散。

(3)注意扬声器的阻抗应和功率放大电路的输出阻抗匹配,避免损坏扬声器或功率放大电路。

(4)两个以上扬声器放在一起使用时,必须注意相位问题。如果反相,声音将显著削弱。

5)扬声器的检测

估测扬声器好坏的方法。用导线将一节5号干电池(1.5 V)的负极与扬声器的某一端相接,再用电池的正极去触碰扬声器另一端,正常的扬声器应发出清脆的"喀喀"声。若扬声器不发声,则说明该扬声器已损坏;若扬声器发声干涩沙哑,则说明该扬声器的质量不佳。

也可将万用表置于$R \times 1$挡,用红表笔接扬声器某一端,用黑表笔去点触扬声器的另一端,正常的扬声器应有"喀喀"声,同时万用表的表针应作同步摆动。若扬声器不发声,万用表表针也不摆动,则说明音圈烧断或引线开路;若扬声器不发声,但表针偏转且阻值基本正常,则是扬声器的振动系统有问题。

估测扬声器阻抗的方法。一般扬声器在磁体的商标上有额定阻抗值。若遇到标记不清或标记脱落的扬声器,则可用万用表的电阻挡来估测出阻抗值。

测量时,万用表应置于$R \times 1$挡,用两表笔分别接扬声器的两端,测出扬声器音圈的直流电阻,而扬声器的额定阻抗通常为音圈直流电阻值的1.2~1.5倍。8 Ω的扬声器音圈的直流电阻值约为6.5 Ω~7.2 Ω。在已知扬声器标称阻值的情况下,也可用测量扬声器直流电阻值的方法来判断音圈是否正常。

判断扬声器相位的方法。扬声器是有正、负极性的,在多只扬声器并联时,应将各只扬声器的正极与正极连接，负极与负极连接，使各只扬声器同相位工作。

检测时，可用一节 5 号干电池，用导线将电池负极与扬声器的某一端相接，用电池的正极去接扬声器的另一端。若此时扬声器的纸盆向前运动，则接电池正极的一端为扬声器的正极；若纸盆向后运动，则接电池负极的一端为扬声器的正极。

2. 确热敏电阻

1）外形与电路符号

热敏电阻是一种对温度敏感的电阻元件，按其电阻温度系数的正、负分有正温度系数（PTC）和负温度系数（NTC）热敏电阻器两种。它们通常由金属氧化物陶瓷半导体材料或碳化硅材料经成形、烧结等工艺而制成。

常见的热敏电阻器的外形和符号如图 5 - 15 所示。

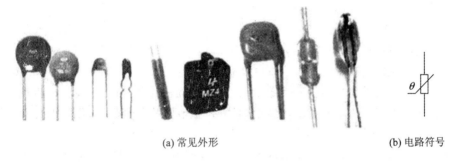

(a) 常见外形　　　　　　　　　　　(b) 电路符号

图 5 - 15　常见的热敏电阻器的外形和符号

2）基本特性、主要参数及检测

（1）热敏电阻的基本特性。正温度系数（PTC）热敏电阻器的典型特性曲线如图 5 - 16（a）所示，其中曲线 1 表示突变型，它工作的温度范围较窄，一般用于恒温加热控制或温度开关。曲线 2 表示缓变型，其温度变化范围较宽，一般用于补偿与稳定测量。

负温度系数（NTC）热敏电阻器的典型特性曲线如图 5 - 16(b)所示。其中曲线 1 表示缓变型，它工作的温度范围较宽，主要用于温度测量。曲线 2 表示开关型，当到达临界温度时，其阻值将发生急剧变化，利用这一特性可制成无触点温控开关。

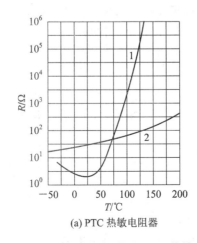
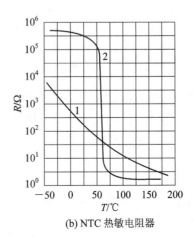

(a) PTC 热敏电阻器　　　　　　　　　　(b) NTC 热敏电阻器

图 5 - 16　热敏电阻器的特性曲线

（2）热敏电阻的主要参数。主要参数为标称阻值，即环境温度为 25℃ 的热敏电阻值的实际阻值，也称为常温阻值。另外还有温度系数、最高工作温度与使用温度范围、额定功率、热时间常数等。

（3）PTC 热敏电阻器的检测。

在常温（≈25℃）下测量阻值。在常温下测量 PTC 热敏电阻器的阻值，若与标称阻值相比其相对误差大于 50%，说明被测元件性能不良或已损坏。一般来说，PTC 热敏电阻器标称阻值的允许相对误差为 20%～30%。

加温检测阻值变化。将 PTC 热敏电阻前置于热源（如电热吹风、电烙铁等）附近，用万用表测量其阻值并观察阻值随温度上升而变化的现象。如果被测 PTC 热敏电阻器的阻值不随温度上升而变化，说明其性能已变坏，不宜继续使用。测试时要注意不应让元件的测试温度超过其允许的最高温度。

3. 功放输出对管

为保证电路对信号的不失真放大，功放输出管必须为一对类型（PNP 和 NPN）不同但特性参数完全一致的大功率三极管，即功放输出对管。

功放输出对管常采用晶体管特性图示仪检测的方法来判断两个三极管是否配对，即通过图示的方法观测两个三极管的输出特性曲线（包括电流放大倍数 β、集电极最大允许电流 I_{CM}、反向击穿电压以及温度特性等）是否完全对称。

在无晶体管特性图示仪进行检测的情况下，也可用万用表对功放输出对管进行大致估测，估测内容主要包括识别三极管电极、判断 PNP 型还是 NPN 型、估测放大能力和比较两只配对管参数的一致性。其中识别电极、判断类型与估测放大能力与普通三极管的检测相同，另外，只需比较两只配对管的参数是否一致。需要注意的是，在估测功放输出管的放大能力时，由于其正常工作电流较大、工作电压较高，需要通过外接电源的方式才可能检测出其电流放大倍数。

二、电路测试

1. 电路测试与调整步骤

先测试、调整前置级与功放输出级两级静态工作点，观察电路的交越失真及交越失真的消除方法，再测试电路最大不失真输出功率，最后测试电路的频率性能。

2. 电路测试与调整方法

① 前置放大级静态工作点的测试与调整。

② 功放输出级静态工作点的测试与调整。

"中点电压"的调整：在电路通电、输入信号为零的条件下，测试输出级的电压，此电压即为中点电压，大小应为电源电压的一半。

三、故障分析与排除

本项目任务故障主要有两处。

1. 中点电压不可调

该故障一般与电路供电电源、各三极管偏置电路、负载电阻以及三极管本身有关，应重点检查电源是否良好、电源是否对称、各电阻焊接是否良好、阻值是否确定、三极管管脚顺序是否焊接错误、三极管性能是否良好等方面。

在仔细检查、核对安装电路的元器件参数、电解电容的极性、三极管的管脚顺序并确认无误后，可采用直流电压法进行检测，即用万用表直流电压挡检测电路中各点电压，根据所测数据大小分析、判断故障所在部位。

2. 输出功率小

在各三极管静态工作点正常的前提下，故障一般与信号输入、输出耦合电路以及三极管本身有关，应重点检查三极管性能是否良好、耦合电容容量是否符合要求。

在确认各三极管静态工作点正常后，可采用信号波形观察法进行检测，即在电路输入端注入一定频率和大小的正弦交流信号(1 kHz左右)，按信号流向从前往后用示波器观测各点波形，根据所测波形分析、判断故障所在部位。

5.4　项目总结

（1）功率放大器的主要任务是在不失真前提下，输出大信号功率。以工作点在交流负载线上的位置分类有甲类、乙类和甲乙类功放；以输出终端特点分类有 OTL、OCL 等功放。

（2）乙类功放采用对管推挽输出，效率较高，但有交越失真，要克服交越失真应选用甲乙类功率放大电路。

（3）为了减小输出变压器和输出电容给功率放大器带来的不便和失真，出现了无输出变压器功放（OTL）和无输出电容功放（OCL），前者采用单电源供电，后者采用双电源供电。

（4）集成功率放大器具有体积小、质量轻、工作可靠、调试组装方便的优点，是今后功率放大电路发展的方向，使用集成功放应了解它们的外部特性和应用电路。

练 习 与 提 高

一、填空题

1.功率放大器的特点是：以＿＿＿＿＿＿＿为主要目的；大信号输入，动态工作范围＿＿＿＿＿＿；通常采用＿＿＿＿＿分析法分析；分析主要指标是＿＿＿＿＿、＿＿＿＿＿和＿＿＿＿＿等。

2.功率放大器的基本要求是：应有＿＿＿＿＿输出功率；效率要＿＿＿＿＿；非线性失真要＿＿＿＿＿；放大管要采取＿＿＿＿＿等保护措施。

3.功率放大器的主要性能指标有：＿＿＿＿＿＿＿、＿＿＿＿＿＿＿和＿＿＿＿＿＿等。

4.按乙类互补对称功放管的 Q 点在交流负载线上的位置可分为＿＿＿＿＿类功率放大器、＿＿＿＿＿＿类功率放大器和＿＿＿＿＿类功率方放大器。

5.乙类互补对称功放的效率比甲类功放高很多，其关键是＿＿＿＿＿＿。

6.由于功率放大电路中功放管常处于极限工作状态，因此，在选择功放管时要特别注意＿＿＿＿＿、＿＿＿＿＿和＿＿＿＿＿三个参数。

7.设计一个输出功率为 20 W 的扩音机电路，若用乙类 OCL 互补对称功率放大电路，

则应选 P_{CM} 至少为_____W 的两支功放管。

二、判断题

1. 乙类互补对称功率放大电路输出功率最大时，管子的管耗最大。　　　（　　）
2. 功率放大电路的效率是指输出功率与输入功率之比。　　　　　　　　（　　）
3. 乙类互补对称功放在输入信号为零时，静态功耗几乎为零。　　　　　（　　）
4. 只有两个三极管的类型相同时才能构成复合管。　　　　　　　　　　（　　）
5. OCL 电路中输入信号越大，交越失真也大。　　　　　　　　　　　　（　　）
6. 复合管的 β 值近似等于组成它的各三极管 β 值的乘积。　　　　　　　（　　）
7. 功率放大倍数 A_p 都大于 1。　　　　　　　　　　　　　　　　　　（　　）
8. 功率放大电路与电压、电流放大电路都有功率放大作用。　　　　　　（　　）
9. 输出功率越大，功率放大电路的效率就越高。　　　　　　　　　　　（　　）
10. 功率放大电路负载上获得的输出功率包括直流功率和交流功率两部分。（　　）

三、简答题

1. 什么是功率放大器？与一般电压放大器相比，对功率放大器有何要求？
2. 如何区分晶体管是工作在甲类、乙类还是甲乙类？
3. 什么是交越失真？如何克服交越失真？
4. 功率管为什么有时用复合管代替？复合管的组成原则是什么？
5. 试比较 OCL 电路和 OTL 电路的优缺点？
6. 准互补电路有什么特点？

项目六　正弦波振荡器的制作与调试

【知识目标】

(1) 了解产生自激振荡的原因；

(2) 掌握产生正弦波振荡的条件，正弦波振荡电路的构成与分析方法；

(3) 了解 LC、RC 正弦波振荡电路；

(4) 掌握由集成运算放大器构成的文氏桥式正弦波振荡电路的分析方法；

(5) 了解石英晶体正弦波振荡电路。

【能力目标】

(1) 掌握电阻、电容、二极管、集成运算放大器资料查询、识别与选取方法；

(2) 能对正弦波振荡电路进行调试与参数测试；

(3) 能对由集成运算放大器构成的文氏桥式正弦波振荡电路进行安装、调试与检修；

(4) 能熟练使用万用表、电压表、双踪示波器、函数信号发生器等电子仪器。

6.1　项目描述

不需要外加激励信号，电路就能产生输出信号的电路称为信号发生电路或波形振荡器，波形振荡器按照输出电压的波形可分为正弦波振荡器和非正弦波振荡器，其中能产生正弦波输出信号的电路称为正弦波振荡器或正弦波发生电路。

正弦波振荡器既是一种能量转换装置，可把直流电能转换成交流电能，同时又是一种信号产生装置，无信号输入却有信号输出。正弦波振荡器一般由基本放大电路、反馈网络、选频网络、稳幅环节等四部分组成。正弦波振荡器按照电路组成可分为 LC 振荡器、RC 振荡器、石英晶体振荡器等；按照频率范围可分为低频振荡器和高频振荡器等。

低频正弦波信号发生器的振荡电路通常是由分立元件或集成运算放大器等组成的 RC 桥式振荡器。

本项目就是制作一个由集成运算放大器、RC 串并联网络等组成的 RC 桥式正弦波振荡电路，并对其进行测试。

6.1.1　项目学习情境：RC 文氏桥式振荡器的制作与调试

图 6-1 所示为 RC 文氏桥式振荡器电路原理图。制作与调试 RC 文氏桥式振荡器，需要完成的主要任务是：① 熟悉电路各元器件的作用；② 进行电路元器件安装；③ 整机调试；④ 撰写电路制作报告。

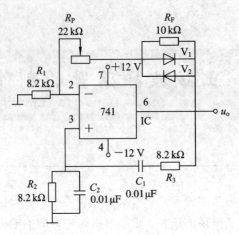

图 6-1 RC 文氏桥式振荡器电路原理图

6.1.2 电路元器件参数及功能

RC 文氏桥式振荡器电路元器件参数及功能如表 6-1 所示。

表 6-1 RC 文氏桥式振荡器电路元器件参数表

序　号	元器件代号	名　称	型号及参数	功　能
1	R_2、R_3	电阻	RT11, 0.25 W, 8.2 kΩ	选频、反馈
2	R_1	电阻	RJ11, 0.25 W, 8.2 kΩ	与 R_P 配合决定放大量
3	R_F	电阻	RJ11, 0.25 W, 10 kΩ	与 V_1、V_2 稳幅
4	R_P	电位器	WS, 1 W, 22 kΩ	与 R_1 配合决定放大量
5	C_1、C_2	电容	CC11, 63 V, 0.01 μF	反馈、选频
6	IC	集成运放	uA741	放大
7	V_1、V_2	二极管	1N4007	与 R_F 稳幅

　　图 6-1 所示是利用二极管的非线性自动稳幅的 RC 文氏桥式振荡电路。由集成运算放大器 uA741，R_1、R_P 和 R_F（V_1、V_2）构成放大电路，实现信号放大；由 R_2、C_2、C_1、R_3 构成的 RC 串并联网络，实现正反馈和选频；稳幅电路由 V_1、V_2 和 R_F 构成，V_1 和 V_2 与 R_F 并联构成非线性元件，当起振时，振幅较小，流过二极管的电流较小，二极管的等效电阻比较大，使得放大器增益较高，有利于起振。随着振荡幅度的不断增长，流过二极管的电流增大，二极管的等效电阻减小，使放大器增益自动减小，从而达到自动稳幅的目的。电位器 R_P 用来调节放大器的闭环增益，使得电路满足振荡条件以实现起振。

　　振荡器的振荡频率取决于 RC 串并联选频网络的参数，振荡频率为

$$f_。=\frac{1}{2\pi\sqrt{RC}}$$

6.2 知 识 链 接

6.2.1 正弦波振荡器简介

一、产生正弦波振荡的条件

1. 自激振荡条件

正弦波振荡器主要由放大器和反馈网络组成，其电路原理框图如图 6-2 所示。

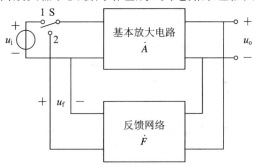

图 6-2 正弦波振荡器原理框图

当开关 S 置于位置 1 时，将基本放大器的输入端和信号源连接，设输入信号为一正弦波，即 $u_i=U_{iM}\sin(\omega t+\varphi)$，式中 U_{iM} 为输入信号的幅值，ω 为角频率，φ 为初相角。这个输入信号经放大后就会在输出端产生一个同频率的输出电压 u_o，通过线性反馈电路，使 2 端获得同频率的正弦信号 u_f。如果适当调节放大电路和反馈网络的参数，使 u_f 和原来所加的输入信号 u_i 大小相等，相位相同，则反馈电压 u_f 就可以代替输入信号 u_i。这时，如果把开关 S 从 1 端转换到 2 端，则输出电压仍能维持不变。这样，反馈放大器就变成了一个自激振荡电路，振荡器的基本原理就是利用了自激振荡的现象。

通过以上分析可知，要使电路产生自激振荡，必须满足以下两个条件：

（1）相位平衡条件。由输出端反馈到输入端的电压必须与输入电压同相位，即必须使电路具有正反馈性质，即

$$\varphi_f=\varphi+2n\pi(n=0,1,2,3,\cdots)$$

（2）振幅平衡条件。由输出端反馈到输入端的电压幅值必须等于输入电压的幅值，即

$$U_{fM}=U_{iM}$$

2. 振荡起振条件

前面给的两个平衡条件，是对电路已进入稳定振荡状态而言的。而振荡电路最初的输入电压从何而来呢？其实，振荡电路是一个闭合正反馈系统，环路内微弱的电扰动（如接通电源瞬间引起的电流突变，放大器内部的热噪声等）都可以作为放大器的初始输入信号。这些电扰动包含了多种频率的微弱正弦波信号，经设置在放大器内或反馈网络内的选频网络，使得只有某一频率的信号能反馈到放大器的输入端，而其他频率的信号被抑制，该频率的信号经放大→反馈→再放大→再反馈，反复循环，使信号幅值不断增大，从而建立起振荡。

　　是不是这种单一频率的信号幅值会一直增大呢？答案是否定的，由于放大电路本身的非线性，随着输入信号幅度的增大，放大电路的电压放大倍数会逐渐下降，当反馈回来的信号与前一次加至放大电路输入端的信号幅值相等时，振荡电路进入稳幅振荡状态。

　　可见，为使振荡电路接通电源后能自动起振，在振幅上要求 $U_f > U_i$，在相位上要求反馈电压与输入电压相位相同，即振荡的起振条件包括振幅起振条件和相位起振条件两方面：

　　(1) 振幅起振条件为 $U_{fM} > U_{iM}$；

　　(2) 相位起振条件为 $\varphi_f = \varphi + 2n\pi$（$n = 0，1，2，3，\cdots$）。

　　由于

$$U_o = |\dot{A}_u| U_i，\quad U_f = |\dot{F}| U_o$$

因此，自激振荡器在起振时应满足以下关系：

$$|\dot{A}| \cdot |\dot{F}| = |\dot{A}\dot{F}| > 1$$

当进入稳幅振荡后，应满足以下关系：

$$|\dot{A}| \cdot |\dot{F}| = |\dot{A}\dot{F}| = 1$$

可见，振荡器的起振过程，就是从

$$|\dot{A}\dot{F}| > 1 \text{ 到 } |\dot{A}\dot{F}| = 1$$

的变化过程。

二、振荡电路的组成与分析方法

1. 振荡电路的组成

从以上分析可知，正弦波振荡电路一般由以下几部分组成。

　　(1) 放大部分：具有信号放大作用，将电源的直流电能转换为交变的振荡能量。

　　(2) 反馈部分：满足相位平衡条件。

　　(3) 选频部分：选择某一种频率的信号，使之满足自激振荡条件，从而产生单一频率的正弦波振荡。

　　(4) 稳幅电路：用于稳定某一振荡信号的振幅，可以利用放大电路自身元件的非线性，也可以采用热敏元件或其他自动限幅电路。

2. 振荡电路的分析方法

振荡电路的分析，主要是判断振荡电路能否产生振荡，即检查电路是否满足产生自激振荡的条件。一般情况下，振幅平衡条件容易满足，应重点检查是否满足相位平衡条件和起振条件。

6.2.2　RC 正弦波振荡器

采用 R、C 元件构成选频网络的振荡电路称为 RC 正弦波振荡器。常用的 RC 振荡电路有 RC 文氏桥式振荡电路和 RC 移相式振荡电路。

一、RC 文氏桥式正弦波振荡电路

RC 文氏桥式振荡电路如图 6-3 所示。由集成运算放大器 A 构成同相输入放大器，由

R_1、C_1 和 R_2、C_2 组成串并联网络来实现正反馈，将放大器输出电压 u_o 经 RC 串并联网络送回其输入端，该网络同时也是振荡器的选频网络，R_F、R_3 构成放大器的负反馈网络。

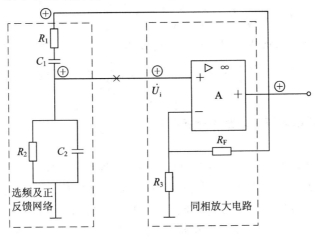

图 6-3 RC 文氏桥式振荡电路

1. RC 串并联选频网络

一般情况下，为方便电路分析与设计，通常取 $R_1 = R_2 = R$，$C_1 = C_2 = C$，将图 6-3 中 RC 串并联网络单独画出，如图 6-4(a)所示。

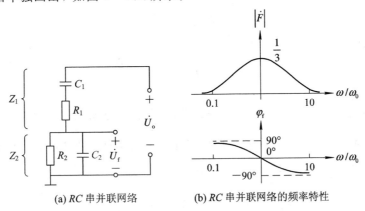

(a) RC 串并联网络　　　　(b) RC 串并联网络的频率特性

图 6-4 RC 串并联网络及其频率特性

由图 6-3 可求得 RC 串并联网络的传递函数，即运算放大器的反馈系数 $\dot{F}$ 为

$$\dot{F} = \frac{\dot{U}_f}{\dot{U}_o} = \frac{Z_2}{Z_1 + Z_2} = \frac{R /\!/ \dfrac{1}{\mathrm{j}\omega C}}{R + \dfrac{1}{\mathrm{j}\omega C} + R /\!/ \dfrac{1}{\mathrm{j}\omega C}} = \frac{1}{3 + \mathrm{j}\left(\omega RC - \dfrac{1}{\omega RC}\right)}$$

令 $\omega_o = \dfrac{1}{RC}$，ω_o 是信号的角频率，则上式可写成

$$\dot{F} = \frac{1}{3 + \mathrm{j}\left(\dfrac{\omega}{\omega_o} - \dfrac{\omega_o}{\omega}\right)}$$

由此可得 RC 串并联网络的幅频特性和相频特性分别为

$$|\dot{F}| = \frac{1}{\sqrt{3^2 + \left(\dfrac{\omega}{\omega_o} - \dfrac{\omega_o}{\omega}\right)^2}}, \quad \varphi_f = -\arctan\frac{\dfrac{\omega}{\omega_o} - \dfrac{\omega_o}{\omega}}{3}$$

根据上式可作出其幅频特性和相频特性曲线如图 6-4(b)所示。由特性曲线可知，当 $\omega = \omega_o$ 时，$|\dot{F}|$ 达到最大值，并等于 $\frac{1}{3}$，相移 $\varphi_f = 0°$，$\dot{U}_f$ 与 $\dot{U}_o$ 同相，所以 RC 串并联网络具有选频特性。

2. RC 串并联正弦波振荡电路的分析

1）相位平衡条件

从以上分析可知，当 RC 串并联网络在 $\omega = \omega_o$ 时，即 $f = f_o$ 时，$\dot{U}_f$ 最大相移为 $\varphi_f = 0$，因此，采用同相放大器能够满足相位平衡条件。在实际电路分析中，通常采用瞬时极性法来判断放大器和反馈网络是否构成正反馈电路来判断其是否满足相位平衡条件。

在图 6-3 所示的电路中，设运算放大器的同相输入端的瞬时极性为（+），则输出端为（+），输出信号经 RC 串并联电路反馈到同相输入端。由于 RC 串并联电路在 $\omega = \omega_o$ 时，相移 $\varphi_f = 0$，则反馈信号增强了输入信号，构成正反馈电路，即满足相位平衡条件。

2）振幅平衡条件和起振条件

运算放大器构成同相放大，R_F、R_3 是电压串联负反馈电路，其闭环电压放大倍数为

$$|\dot{A}_u| = 1 + \frac{R_F}{R_3}$$

当 $\omega = \omega_o$ 时，

$$|\dot{F}| = \frac{1}{3}$$

根据振幅平衡条件，要满足 $|\dot{A}_u\dot{F}| = 1$，则 $1 + \frac{R_F}{R_3} = 3$，即要求 $R_F = 2R_3$，根据起振条件，起振时应满足 $|\dot{A}_u\dot{F}| > 1$，则要求 $R_F > 2R_3$，所以，只要满足 $R_F > 2R_3$，电路就能顺利起振。

3）振荡频率

$$f_o = \frac{1}{2\pi RC}$$

采用双联可变电位器或双联可调电容器，可方便地调节振荡频率。在常用的 RC 振荡器中，一般采用切换高稳定度的电容来进行频段的转换（频率粗调），再采用双联可变电位器进行频率的细调。

4）稳幅措施

振荡电路在开始振荡时，必须满足 $|\dot{A}_u\dot{F}| > 1$。起振后，振荡幅度迅速增大，使放大器工作在非线性区，以致放大倍数 $|\dot{A}_u|$ 下降，直至 $|\dot{A}_u\dot{F}| = 1$，实现稳幅的目的，这种利用放大电路自身特征实现稳幅的方式称为内稳幅。

为改善振荡信号波形，还可以采用其他一些外稳幅措施，如图 6-3 电路中的 R_F 采用负温度系数热敏电阻，就能实现稳幅的目的。起振时，R_F 阻值较大，使放大器增益高，很快起振，随着振幅的不断增长，流过 R_F 的电流增大，使 R_F 的温度升高，阻值减小，放大器增益下降，最后达到 $|\dot{A}_u\dot{F}| = 1$ 的振幅平衡条件。

6.2.3 *LC*正弦波振荡器

一、*LC*回路的选频特性

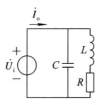

图 6-5　*LC*并联等效电路

图 6-5 为电感线圈 *L* 和电容器 *C* 构成的并联交流电路的等效电路。当电源频率一定时，改变电路参数 *L* 或 *C*，可使电路的电压 $\dot{U}_i$ 和总电流 $\dot{I}_o$ 同相位从而达到谐振状态；若电路参数不变，则改变电源频率也可使电路达到谐振状态。一般情况下，$\omega L \gg R$，图 6-5 的等效阻抗为

$$Z \approx \frac{\dfrac{L}{C}}{R + j\left(\omega L - \dfrac{1}{\omega C}\right)}$$

当电路发生谐振时，阻抗 *Z* 的虚部等于零，即

$$\omega_0 L = \frac{1}{\omega_0 C}$$

因此得谐振角频率

$$\omega_0 = \frac{1}{\sqrt{LC}}$$

谐振频率

$$f_0 = \frac{1}{2\pi}\frac{1}{\sqrt{LC}}$$

（1）谐振时的回路阻抗：并联谐振时，阻抗 *Z* 呈现纯电阻性质，且达到最大值，用 Z_0 表示，称为谐振阻抗，其值为

$$Z_0 = \frac{L}{RC}$$

为了表征 *LC* 回路的性质，通常令 $Q = \dfrac{\omega_0 L}{R} = \dfrac{1}{\omega_0 CR} = \dfrac{1}{R}\sqrt{\dfrac{L}{C}}$，*Q* 称为品质因数，它是 *LC* 回路的一个重要指标。一般 *LC* 回路的品质因数 *Q* 值在几十至几百之间。如果用 *Q* 表示 Z_0，可得

$$Z_0 = Q\omega_0 L = \frac{Q}{\omega_0 C}$$

可见 *Q* 值愈高，回路谐振阻抗 Z_0 愈大。

（2）*LC* 并联回路的频率特性：引入 *Q* 后，*Z* 可改写为

$$Z = \frac{1}{1 + jQ\left(\dfrac{\omega}{\omega_0} - \dfrac{\omega_0}{\omega}\right)}$$

相应的幅频特性和相频特性如图 6-6 所示。

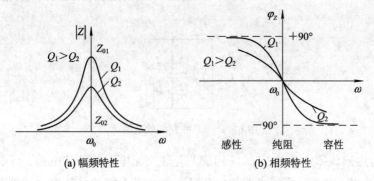

(a) 幅频特性　　　(b) 相频特性

图 6-6　LC 并联回路的频率特性

由图 6-6 可见，当信号频率 $f = f_0$ 时，Z 最大且为纯阻性，$\varphi = 0$。当 $f \neq f_0$ 时，Z 减小，$f < f_0$ 时，Z 呈感性，$\varphi > 0$；$f > f_0$ 时，Z 呈容性，$\varphi < 0$。回路的 Q 值愈高，谐振曲线愈尖锐，回路的选频作用愈显著，选择性愈好。

如果用 LC 回路代替放大电路中的集电极负载电阻 R_C，则可组成具有选频特性的放大电路，如图 6-7 所示，其中 R_L 为负载电阻。

设输入信号 u_i 是许多不同频率的正弦信号的组合，由于 LC 回路具有选频作用，它只对频率为 f_0 的正弦信号具有最大阻抗，因此，放大器对频率为 f_0 的正弦信号具有最高的电压放大倍数，这样就把输入信号中频率为 f_0 的正弦信号选择出来并加以放大。改变 LC 回路参数，即可放大不同频率的正弦信号，这种具有选频特性的放大器称为选频放大器。

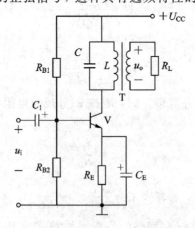

图 6-7　具有选频特性的放大器原理图

如果在选频放大器的变压器上再加一个二次绕组，把选频放大器放大后的信号通过二次绕组反馈到放大器的输入端，并使反馈电压的大小和相位与原来频率为 f_0 的输入信号的大小和相位相等，则选频放大器在无外加输入信号的情况下仍能维持电压输出，这样，选频放大器就变成了正弦波自激振荡器。

二、LC 正弦波振荡电路

采用 LC 谐振回路作为选频网络的振荡电路，称为 LC 谐振电路。根据反馈形式的不同，它可分为变压器反馈式、电感三点式、电容三点式等几种典型电路。LC 正弦波振荡电路主要用来产生高频信号，振荡频率通常都在 1 MHz 以上。

由于集成运算放大器的频率响应范围小，LC 正弦波振荡器一般都采用三极管作为放大器件。

1. 变压器反馈式 LC 正弦波振荡电路

变压器反馈式 LC 正弦波振荡电路如图 6-8 所示。

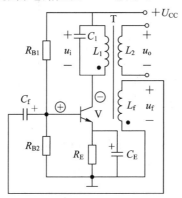

图 6-8　变压器反馈式 LC 正弦波振荡电路

1）电路组成

电路主要由三部分组成。

（1）三极管 V 和电阻 R_{B1}、R_{B2}、R_E、C_E 构成分压式电流负反馈偏置电路，建立放大器的静态工作点。

（2）变压器一次绕组 L_1（称为振荡线圈）与电容 C_1 并联构成选频回路，并作为放大器的集电极负载。

（3）变压器二次绕组 L_f（称为反馈线圈）与电容 C_f 串联构成正反馈电路，这就是变压器反馈式名称的由来。

另外，变压器的另一二次绕组 L_2 是振荡电路的信号输出绕组。

2）电路能否振荡的判断

（1）相位平衡条件：用瞬时极性法进行判断。设三极管 V 基极上的瞬时极性为正，因谐振时 L_1C_1 并联谐振回路的阻抗为一纯电阻，则集电极输出电压 $\dot{U}_o$ 与输入 $\dot{U}_i$ 反相，集电极瞬时极性为负，根据同名端概念，反馈绕组 L_f 上端极性为正，反馈至三极管的瞬时极性为正，故为正反馈，满足振荡的相位平衡条件。

（2）振幅平衡条件和起振条件：由于 L_1 与 L_f 同绕在一个磁芯上，耦合得很紧，通过对电路的分析，只要放大电路的静态工作点合适，增减 L_f 的匝数或改变 L_1、L_f 的相对位置，即可调节反馈系数的大小，使 $|\dot{A}_u\dot{F}| \geqslant 1$，满足振荡条件和起振条件。顺便指出，该电路是利用三极管的非线性实现内稳幅的。

（3）振荡频率 f_0：显然，图 6-8 所示电路的选频网络 L_1C_1 设置在放大电路中，其振

荡频率 f_0 为

$$f_0 = \frac{1}{2\pi \sqrt{L_1 C_1}}$$

2. 电感三点式振荡器

LC 振荡器也常采用自感线圈完成反馈，其电路如图 6-9(a)所示。图中振荡线圈 L 共有三个出线端，根据交流通道(如图 6-9(b)所示)，变压器的三个出线端子分别与三极管的三个电极相连接，故称为电感三点式振荡器。

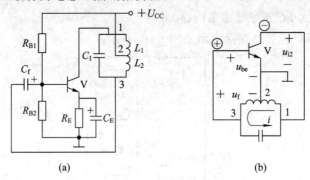

图 6-9　电感三点式振荡器原理图

1) 电路组成

在图 6-9(a)中，R_{B1}、R_{B2}、R_E、C_E 组成偏置电路，由 U_{CC} 经 L_1、V、R_E 到地构成振荡器的集电极直流通道。L(包括 L_1 和 L_2)与 C_1 组成振荡器的选频回路，线圈 L 中的一部分 L_2 把反馈信号经 C_f 耦合到三极管的基极，同时 C_f 还具有隔直作用，它隔断了直流电源 U_{CC} 经 L_2 到三极管基极的通路，使电路的静态工作点不受反馈线圈 L_2 的影响。

由于直流电源 U_{CC}、电容 C_f 和 C_E 对交流信号来说都可看成短路，故电感三点式振荡器的交流通道如图 6-9(b)所示。

2) 电路能否振荡的判断

(1) 相位平衡条件：图 6-9(b)中，u_{12} 与 u_f 反相(共射电路的倒相作用)，L_1、L_2 都是 L 的一部分，电流方向一致，即 u_{23} 与 u_{12} 反相，故 u_f(等于 u_{32})与 u_{be} 同相，能满足相位平衡条件。

(2) 振幅平衡条件和起振条件：反馈电压的大小与振荡线圈抽头"2"的位置有关，即改变 L_2 的匝数 N_2，就可以调节反馈电压的大小，使 $|\dot{A}_u \dot{F}| \geqslant 1$，满足振荡条件和起振条件。

(3) 振荡频率 f_0：电感三点式振荡电路制作简单，L_1、L_2 耦合紧密，易起振，但波形较差。其振荡频率为

$$f = \frac{1}{2\pi \sqrt{(L_1 + L_2) C_1}}$$

3. 电容三点式振荡器

图 6-10(a)为电容三点式振荡器。在这个电路中，R_{B1}、R_{B2}、R_C、R_E、C_E 构成偏置电路，电源 U_{CC} 经 R_C、三极管 c 极和 e 极、R_E 到地，构成集电极直流通道。反馈电压取自电容 C_2，故又称电容反馈式振荡器。振荡回路包含了 L 和 C_1、C_2，且从 C_1、C_2 串联支路中引出三个端子与三极管的三个电极相连接，所以称为电容三点式振荡器。电容三点式振荡器的

交流通道如图 6 - 10(b)所示。

　　根据交流通道，可以方便地判断出电路是否满足相位平衡条件。由共射电路的倒相作用知 u_{be} 与 u_{12} 反相，C_1 和 C_2 通过同一电流 i，u_{23} 与 u_{12} 同相位，u_f 与 u_{23} 反相，故 u_{be} 与 u_f 同相位，满足相位平衡条件，所以，电路能产生振荡。

　　电路的振荡频率为

$$f_\circ = \frac{1}{2\pi\sqrt{LC}}$$

式中，$C = C_1 C_2 / (C_1 + C_2)$。

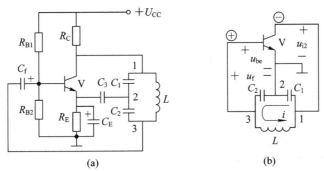

图 6 - 10　电容三点式振荡器原理图

　　电容三点式振荡器的输出波形好，而且可以通过与电感线圈再并联一个适量的电容器，在小范围内调节频率，这种振荡器常用于调频和调幅的接收机中。

6.2.4　三点式振荡器的一般形式

　　三点式振荡电路实际上就是将电路中三极管的三个电极分别接到谐振回路的三个端点上，三点式电路的交流通道的一般形式如图 6 - 11 所示。图 6 - 11 中用 Z_1、Z_2、Z_3 分别表示谐振回路的三个电抗元件。电感三点式 Z_1、Z_2 都是感抗，电容三点式 Z_1、Z_2 都是容抗。Z_1、Z_2 都连接在三极管的发射极上，是同类电抗，以满足相位平衡条件，Z_2、Z_3 都连接在三极管的基极上，是性质相反的电抗，所以，Z_1、Z_2、Z_3 三个电抗的性质可概括为"射同基反"。

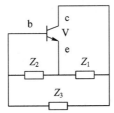

图 6 - 11　三点式振荡器的一般形式示意图

6.2.5　石英晶体正弦波振荡器

　　用石英晶体谐振器(简称石英晶体)取代 LC 振荡器中的 LC 选频回路，可以做成频率极为稳定的石英晶体正弦波振荡器，以满足一些对振荡频率要求极严格的场合，比如计算机的时钟信号发生器、标准计时器等。

一、石英晶体的基本知识

1. 石英晶体谐振器的结构

石英晶体谐振器是利用石英晶体(二氧化硅的结晶体)的压电效应制成的一种谐振器件,它的基本构成是:从一块石英晶体按一定方位切下一块薄片(简称晶片,它可以是正方形、矩形或圆形等),然后在它的两个对应表面上涂敷银层作为导电层,在每个电极上各焊一根引线接到管脚上,再加以封装就构成石英晶体谐振器。其结构示意图及图形符号如图 6-12 所示。

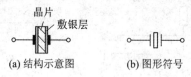

(a) 结构示意图　　(b) 图形符号

图 6-12　石英晶体结构示意图及图形符号

2. 石英晶体的压电效应

所谓压电效应,就是给石英晶片两侧加电压时,石英晶片将产生形变,当给石英晶片两侧施加外力时,石英晶片两侧将产生电压,这种物理现象称为压电效应。如果给石英晶体两侧加交流电压时,石英晶体会产生与所加交流电压同频率的机械振动,同时,机械振动又会使晶片产生交变电压,在外电路形成交变电流,当外加交变电压的频率与晶片的固有振动频率相等时,晶片发生共振,此时机械振动幅度最大,晶片回路中的交变电流最大,类似于回路的谐振现象,称为压电谐振。

3. 石英谐振器的等效电路

石英晶体的等效电路如图 6-13(a)所示,C_0 称为静态电容(其值取决于晶片的几何尺寸和电极面积,一般为几到几十皮法),电感 L(其值为几毫亨到几十毫亨)和电容 C(其值仅为 0.01 pF～0.1 pF)分别为动态电感和动态电容,R 为晶体振动时的摩擦损耗电阻(约为 100Ω)。

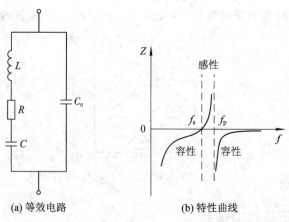

(a) 等效电路　　(b) 特性曲线

图 6-13　石英晶体的等效电路频率特性及曲线

4. 谐振频率

从石英晶体谐振器的等效电路可知，它有两个谐振频率：

（1）当等效电路中的 L、C、R 串联支路发生谐振时，该支路的等效阻抗等于纯电阻 R，串联谐振频率为

$$f_s = \frac{1}{2\pi\sqrt{LC}}$$

当 $f = f_s$ 时，整个网络相当于 R 与 C_0 并联，而 C_0 的容量很小，它的容抗比等效电阻 R 大得多，故可近似认为石英晶体也呈纯电阻，且可近似认为其阻抗最小。

（2）当 $f > f_s$ 时，L、C、R 支路呈感性，可与 C_0 发生并联谐振，石英晶体又呈纯电阻性，谐振频率为 f_p，由于 $C \ll C_0$，因此 $f_p \approx f_s$，其大小为

$$f_p = \frac{1}{2\pi\sqrt{L\dfrac{CC_0}{C+C_0}}} = f_s\sqrt{1+\frac{C}{C_0}}$$

根据以上分析，石英晶体电抗的频率特性如图 6－13(b) 所示，只有在 $f_s < f < f_p$ 的情况下石英晶体才呈感性，当 $f < f_s$ 时，C_0 和 C 电抗很大，石英晶体呈容性，当 $f > f_p$ 时，电抗主要取决于 C_0，石英晶体又呈容性。C 与 C_0 的容量相差愈悬殊，f_s 和 f_p 愈接近，石英晶体呈感性的频带愈窄。

二、石英晶体正弦波振荡器

如图 6－14(a) 所示电路是一个用石英晶体作为选频元件的正弦波振荡器，图 6－14(b) 是其交流通路。在该电路中，石英晶体与其他元件构成并联谐振电路，故又称为并联型晶体振荡器。

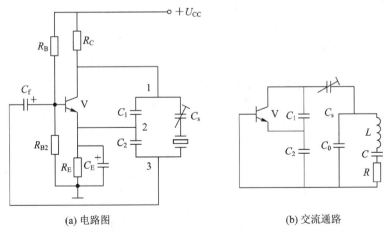

(a) 电路图　　　　　　　　　　　　(b) 交流通路

图 6－14　并联型晶体振荡器原理图

根据图 6－14(b) 可知，并联型晶体振荡器实际上是用一个石英晶体代替了电容三点式电路中的电感。可以证明，振荡器的振荡频率主要取决于石英晶体与 C_s 的谐振频率，而其他元件对振荡频率的影响很微弱。因此，这种振荡器的输出频率非常稳定，而且保持了电容三点式振荡器输出波形好的特点，调节 C_s 还可以在小范围内改变输出信号的频率。因此，并联谐振式石英晶体振荡器应用较为广泛。

6.3 项目实施

6.3.1 *RC* 正弦波振荡器测试训练

一、训练目的

(1) 熟悉 *RC* 串并联网络振荡器的工作原理与振荡条件。
(2) 学习测量、调试振荡器的方法。

二、训练说明

对 *LC* 选频网络振荡器来说，当频率较低时，其电感器、电容器的体积必将增大而品质因数降低，所以低频振荡器常选用 *RC* 选频网络振荡器。根据 *RC* 选频网络的接法不同，又分为 *RC* 串并联正弦波振荡器、*RC* 移相振荡器及双 *T* 选频网络振荡器。图 6-15 所示的实验电路为采用两级共射极分立元件放大器组成 *RC* 正弦波振荡器的 *RC* 串并联（文氏电桥）网络正弦波振荡器。其中 *RC* 串并联支路构成振荡器的正反馈支路，同时兼作选频网络，*R*w 支路构成负反馈支路，用来改变负反馈深度，以满足振荡的幅值条件和改善信号波形，其中电路的振荡频率为

$$f_0 = \frac{1}{2\pi \sqrt{RC}}$$

起振的幅值条件

$$|\dot{A}| > 3$$

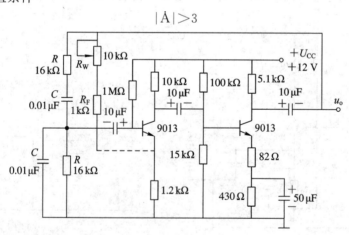

图 6-15 *RC* 串并联正弦波振荡器

三、训练内容与步骤

1. 调整电路并测量振荡频率

(1) 按图 6-15 电路连接电路。
(2) 用示波器观察输出波形，同时调节 *R*w 使电路刚好能产生振荡并输出稳定的正弦波。

（3）用频率计测量振荡频率 f_0。

2. 测量负反馈放大器的放大倍数 A_{uf} 和反馈系数 F_u

调节 R_W 使电路维持稳定的正弦振荡时，用交流毫伏表测量此时的振荡电压。

断开 RC 串并联选频网络，输入端加入由信号发生器产生的和振荡频率一致的信号电压 U_i。调节 U_i 使输出电压 U_o 与刚才振荡时的输出电压 U_o 相同，测量并记录此时的 U_i、U_o 及 U_f，填入表 6-2 中。

表 6-2　测量负反馈放大器的放大倍数和反馈系数

U_i/V	U_o/V	U_f/V	A_{uf}	F_u	f_0/Hz

3. 测量开环电压放大倍数 A_u

断开 RC 串并联网络及 R_W，此时电路成为两级阻容耦合开环放大电路。在放大器输入端加入由信号发生器输出的正弦信号 U_i，其频率与振荡频率相同。在输出波形不失真的情况下，用交流毫伏表测量 U_i 及 U_o 记入表 6-3 中。

表 6-3　测量开环电压放大倍数

U_i/mV	U_o/mV	$A_u = U_o/U_i$	测试条件： $f = f_0$

6.3.2　项目操作指导

1. 电路装配与调试步骤

先检测元器件，再将检测好的元器件焊装到万能电路板上，电路板装配应遵循"先低后高、先内后外"的原则。

装配完毕后，进行电路调试，先调试集成运算放大器静态工作电压，再调整、观测电路振荡输出信号及其特性参数。

2. 电路调试方法

电路调试有以下几种方法：

（1）不通电检查：电路安装完成后，对照电路原理图和连线图，认真检查连线是否正确，以及焊点有无虚焊。用万用表测量功放各引脚对地之间的电阻，记录数据。

（2）通电观察：电源接通之后观察有无异常现象，包括有无冒烟，是否闻到异常气味，手摸元件是否发烫，电源是否有短路现象等。如果出现异常，应立即关闭电源，待排除故障后方可重新通电。

（3）接入直流电源：$U_{cc} = 15\text{ V}$，$-U_{cc} = -15\text{ V}$，输出端接上示波器，调节 R_W 使振荡器不起振，用万用表测量运放各引脚的直流电压，与理论值进行比较、分析。

（4）先调节 R_W 使电路起振，示波器观察的输出波形 u_o 应为正弦波，用电子电压表测出 U_+、U_-、U_o。将测试值与理论计算值进行比较。

3. 故障分析与排除

由于本电路的结构简单，只要采用合适的元器件，焊接无误，便能获得正弦波输出。在调试和检修中应重点注意 R_W 的调节，以满足电路的起振条件，同时保证能输出完好的正弦波波形。若电路不起振而无正弦波输出，必要时，可以先断开选频、正反馈网络，降低信号发声器产生的 1 kHz 左右的正弦波信号，将此信号输入到 IC 的同相输入端，检查 IC 及外围元件，调节 R_W，使 U_o 端能正常输出放大后的正弦波，之后再接入选频、正反馈网络后进行调试。

6.4 项 目 总 结

(1) 要使正弦波振荡电路产生振荡，既要使电路满足幅度平衡条件，又要满足相位平衡条件。

(2) 正弦波振荡器一般由放大电路、反馈网络、选频网络和稳幅环节组成。正弦波振荡电路按选频网络的不同，主要分为 RC 振荡电路、LC 振荡电路、石英晶体振荡电路。改变选频网络的电参数，可以改变电路的振荡频率。

(3) RC 振荡电路的振荡频率不高，通常在 1 MHz 以下，用作低频和中频正弦波发生电路。文氏桥式 RC 正弦波振荡器的振荡频率为 $f_0 = \dfrac{1}{2\pi\sqrt{LC}}$，常用在频带较宽且要求连续可调的场合。$RC$ 移相式正弦波振荡器的振荡频率为 $f_0 = \dfrac{1}{2\pi\sqrt{6}RC}$（三节 RC），其频率范围为几赫到几十千赫，一般用于频率固定且稳定性要求不高的场合。

(4) LC 振荡电路有变压器反馈式、电容三点式、电感三点式三种。电容三点式改进型电路频率稳定性高，它们的振荡频率愈大，所需 L、C 值愈小，因此常用作几十千赫以上的高频信号源。

(5) 石英晶体振荡器是利用石英振荡器的压电效应来选频的。它与 LC 振荡电路相比，Q 值要高得多，主要用于要求频率稳定度高的场合。

练 习 与 提 高

一、判断题

1. 因为 RC 串并联选频网络作为反馈网络时的 $\varphi_f = 0°$，单管共集放大电路的 $\varphi_A = 0°$，满足正弦波振荡的相位条件 $\varphi_A + \varphi_f = 2n\pi$（$n$ 为整数），故合理连接它们可以构成正弦波振荡电路。（ ）

2. 在 RC 桥式正弦波振荡电路中，若 RC 串并联选频网络中的电阻均为 R，电容均为 C，则其振荡频率 $f_0 = \dfrac{1}{RC}$。（ ）

3. 电路只要满足 $|\dot{A}_u\dot{F}| = 1$，就一定会产生正弦波振荡。（ ）

4. 负反馈放大电路不可能产生自激振荡。（　）

二、选择题

1. 现有电路如下：

A. RC 桥式正弦波振荡电路　B. LC 正弦波振荡电路　C. 石英晶体正弦波振荡电路
选择合适答案填入空内，只需填入 A、B 或 C。

（1）制作频率为 20 Hz～20 kHz 的音频信号发生电路，应选用（　）。

（2）制作频率为 2 MHz～20 MHz 的接收机的本机振荡器，应选用（　）。

（3）制作频率非常稳定的测试用信号源，应选用（　）。

2. 选择下面一个答案填入空内，只需填入 A、B 或 C。

A. 容性

B. 阻性

C. 感性

（1）LC 并联网络在谐振时呈（　），在信号频率大于谐振频率时呈（　），在信号频率小于谐振频率时呈（　）。

（2）当信号频率等于石英晶体的串联谐振频率或并联谐振频率时，石英晶体呈（　）；当信号频率在石英晶体的串联谐振频率和并联谐振频率之间时，石英晶体呈（　）；其余情况下石英晶体呈（　）。

（3）当信号频率 $f = f_0$ 时，RC 串并联网络呈（　）。

三、问答题

1. 分别判断图 6-16 所示的各电路是否满足正弦波振荡的相位条件。

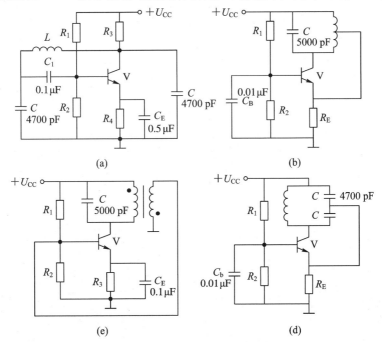

题图 6-16　问答题 1

2. 分别标出图 6-17 所示的各电路中变压器的同名端,使之满足正弦波振荡的相位平衡条件。

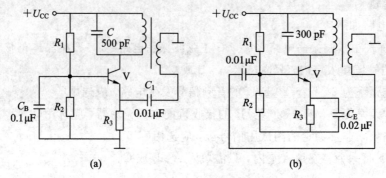

(a)　　　　　　　　　　　　(b)

题图 6-17　问答题 2

拓展知识 1：常用电子元器件的识别

电阻器、电容器、电感器、晶体管和集成电路等常用元器件，是构成电子电路和电子产品的基本元器件，对于电子技术工作者来说，熟悉常用电子元器件的性能、特点和用途，是设计、组装、调试电子电路和电子产品的基本技能之一。本部分内容将简单介绍常用电子元器件的基本知识，以便在学习和工作中能够正确的识别和选用电子元器件。

一、电阻器和电位器

1. 电阻器和电位器的符号及分类

电阻器通常简称为电阻，是电子电路中使用最多的电子元件，约占元件总数的 35％以上。在电路中起限流、分流、降压、分压、负载和匹配等作用。因此，电阻器质量的好坏将直接影响电子产品的工作性能和可靠性。

电阻器种类繁多，按它的工作特性和作用来分，可分为固定、可变、敏感电阻器三大类，其中可变电阻器常称为电位器，它们在电路图中的符号如图 T1－1 所示。按电阻器的材料和工艺来分，可分为碳膜、金属膜、金属氧化膜、有机实芯、无机实芯和线绕电阻器等。

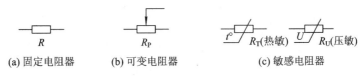

(a) 固定电阻器　　　(b) 可变电阻器　　　(c) 敏感电阻器

图 T1－1　电阻器的符号

电位器是一种三端元件，其外形如图 T1－2 所示。它由电阻体和可移动的电刷组成，可将机械位移转换成电压变化。常用的有实芯、合成碳膜、线绕和金属玻璃釉电位器。电位器按结构可分为单圈、多圈、单联、双联、带开关和不带开关电位器等；按调节方式可分为旋转式、直滑式电位器。

图 T1－2　电位器外形图

2. 电阻器型号的命名方法

根据国家标准，电阻器的型号由主称、材料、特征及分类、序号四个部分组成，如表 T1-1 所示。

表 T1-1　电阻器型号命名

第一部分		第二部分		第三部分			第四部分
用字母表示主称		用字母表示材料		用数字或字母表示特征及分类			用数字表示序号
符号	意义	符号	意义	符号	意义		
					电阻器	电位器	
R	电阻器	T	碳膜	1	普通	普通	若主称、材料特征相同，仅尺寸、性能指标略有差别、但基本不影响互换的产品用同一序号；若尺寸、性能指标的差别已明显影响互换时，则在序号后面用大写字母作为区别代号，予以区别
W	电位器	H	合成膜	2	普通	普通	
—	—	S	有机实芯	3	超高频	—	
—	—	N	无机实芯	4	高阻	—	
—	—	J	金属膜	5	高温	—	
—	—	Y	氧化膜	7	精密	精密	
—	—	X	线绕	W	—	微调	
—	—	M	压敏	D	—	多圈	
—	—	G	光敏				
—	—	R	热敏	B	温度补偿用	—	
—	—			C	温度测量用	—	
—	—			Z	正温度系数	—	

3. 电阻器的主要性能参数

1）标称阻值及精度

电阻器由工厂按国家规定的阻值系列化生产，标志在电阻器上的阻值称为标称值，其单位是欧姆（Ω），为便于识别和计算，也常用千欧（kΩ）、兆欧（MΩ）等单位，它们的关系是：

$$1\ M\Omega = 10^3\ k\Omega = 10^6\ \Omega$$

电阻器的实际阻值与标称值往往不相符，把电阻器的实际阻值与标称值之间的相对误差定义为精度（也称为最大允许偏差），即

$$精度 = \frac{实际阻值 - 标称值}{标称值} \times 100\%$$

普通电阻分 E6、E12、E24 三种标称值系列，对应的精度分别为 ±20％、±10％、±5％。精密电阻分 E48、E96、E192 三种标称值系列，对应的精度分别为 ±2％、±1％、±0.5％。常用的 E6、E12、E24 系列标称值见表 T1-2。

2）额定功率

电阻器的额定功率是指电阻器在直流或交流电路中，在规定的工作条件下，长期连续工作所允许消耗的最大功率。它有两种标注方法，2 W 以上的电阻直接用阿拉伯数字印在电阻体上；而 2 W 以下的电阻，以自身体积的大小来表示功率。

表 T1-2　电阻器标称值系列

标称值系列	精度	标称值
E6	±20%	1.0, 1.5, 2.2, 3.3, 4.7, 6.8
E12	±10%	1.0, 1.2, 1.5, 1.8, 2.2, 2.7, 3.3, 3.9, 4.7, 5.6, 6.8, 8.2
E24	±5%	1.0, 1.1, 1.2, 1.3, 1.5, 1.6, 1.8, 2.0, 2.2, 2.4, 2.7, 3.0, 3.3, 3.6, 3.9, 4.3, 4.7, 5.1, 5.6, 6.2, 6.8, 7.5, 8.2, 9.1

[说明]（1）电阻器的标称值应附合表 T1-2 所列数值乘以 $10^n \Omega$ 的关系，其中 n 为整数；

　　　　（2）标称值系列也适用于电容器和电感器。

　　各种功率的电阻器在电路图中的符号如图 T1-3 所示，通常不加功率标注的电阻，均表示 0.125 W。若电路对电阻的功率值有特殊要求，应直接标在电路图中或用文字说明。

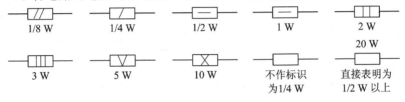

图 T1-3　电阻器额定功率在电路图中的标注方法

　　此外，电阻器还有温度系数、噪声电动势、极限电压等其他参数，这些参数的标注方法可参考相关资料。

4. 固定电阻的标注方法

　　实际使用中，为了识别和准确选用电阻器的标称阻值，有直接、色环、文字符号和数码等几种标注方法，前两种是常用的标注方法。

　　1）直标法

　　直标法是将电阻器的主要参数直接标在电阻器的表面上，如图 T1-4 所示，其优点是直观、一目了然。

图 T1-4　电阻的直标法

　　2）色标法

　　色标法是用不同颜色的色环来标明阻值及精度，具有标志清晰及从各个方向都能看清标记等优点，因此在国际上被广泛采用。

　　普通电阻器用四条色环表示标称阻值和精度，如图 T1-5 所示。精密电阻器用五条色环表示标称阻值和精度，如图 T1-6 所示。

图 T1-5　普通电阻的色环含义　　　　图 T1-6　精密电阻的色环含义

　　各色环颜色所代表的含义如表 T1-3 所示，色标法表示的电阻值单位统一为欧姆。

表 T1 – 3　电阻器色环颜色的含义

颜色	第一位有效数	第二位有效数	第一位有效数	倍乘数	精度（±%）
黑	0	0	0	10^0	—
棕	1	1	1	10^1	1
红	2	2	2	10^2	2
橙	3	3	3	10^3	—
黄	4	4	4	10^4	—
绿	5	5	5	10^5	0.5
蓝	6	6	6	10^6	0.25
紫	7	7	7	10^7	0.1
灰	8	8	8	10^8	—
白	9	9	9	10^9	—
金	—	—	—	—	5
银	—	—	—	—	10
无色	—	—	—	—	20

5. 电阻器的选用和检测

选用电阻、电容、电感器等电子元件时，应根据电子产品的使用条件及其电子电路的具体要求，从技术指标、维修方便、降低成本等综合考虑。

电阻器的选用原则是：

（1）根据电路功能选择电阻类型。例如：对于无特殊要求的电子电路，选用碳膜电阻；对可靠性要求较高的电路，可选用金属膜电阻；对低频大功率及耐热要求较高的电路，宜选用线绕电阻；在高频电子电路中，应选用薄膜或无感电阻；对于前置级，最好选用噪声电动势小的电阻。

（2）电阻器的阻值和精度应按标称值系列选取。若需要的阻值不在标称值系列中，可选用接近值，或通过几个电阻的串、并联来代替。精度应根据该电阻在电路中的作用来选择，一般电子电路中所需的电阻精度可选用±5%～±20%的精度。

（3）选用的电阻器的额定功率应是实际消耗功率的 1.5 倍～2 倍。

（4）在高压电路中，选用电阻器的极限电压应大于电阻器两端的实际电压。

（5）选用电位器时，除要注意其性能参数外，还应注意尺寸大小、旋转轴柄的长短、轴端式样以及是否需要锁紧装置等。

电阻器在使用之前必须进行检测，其方法是：

（1）外观检测。固定、敏感电阻器的外表应标志清晰，保护层完好，帽盖与电阻体结合紧密，无断裂、烧焦等现象。电位器的轴应转动灵活，手感接触均匀，若带有开关，应听到开关接通时清脆的"叭哒"声等。

（2）用万用表检测。用万用表"电阻"挡测量被检查的电阻器阻值，检验与标称值之间的相对误差是否在精度范围之内。对于电位器，用万用表测量固定端对活动端间的电阻值时，若缓慢旋转转轴，表针应平稳移动而无跳跃现象。

二、电容器

1. 电容器的用途与符号

电容器通常简称为电容，是由两个金属极板中间夹有绝缘材料构成的。它是一种储能元件，利用电容器充、放电和隔直流、通交流特性，可用于级间耦合、滤波、退耦、旁路及信号调谐等方面。因此，电容器是电子设备中不可缺少的元件，在电路中所占比例仅次于电阻。电容器有固定式和可变式两大类，在电路图中的符号如图 T1-7 所示。

电容　　极性电容　　半可变电容　　可变电容　　双联可变电容　　穿心电容

图 T1-7　电容器的符号

2. 电容器型号的命名方法

根据 SJ53—73 标准规定，电容器型号命名如表 T1-4 所示。

表 T1-4　电容器型号命名方法

第一部分		第二部分	第三部分						第四部分
主称		材料	特征及分类						序号
符号	意义	意义	符等	意义					—
				瓷介	云母	玻璃	电解	其他	
C	电容器	C 瓷介	1	圆片	非密封		箔式	非密封	若主称、材料特征相同，仅尺寸性能指标略有差别、但基本不影响互换的产品用同一序号；若尺寸、性能指标的差别已明显影响互换时，则在序号后面用大写字母作为区别代号，予以区别
		Y 云母	2	管形	非密封		箔式	非密封	
		I 玻璃釉	3	迭片	密封		烧结粉固体	密封	
		O 玻璃膜	4	独石	密封		烧结粉固体	密封	
		Z 纸介	5	穿心				穿心	
		J 金属化纸	6	支柱					
		B 聚笨乙烯	7				无极性		
		L 绦纶	8	高压	高压			高压	
		Q 漆膜	9				特殊	特殊	
		S 聚碳酸脂							
		H 复合介质							
		D 铝							
		A 钽							
		N 铌							
		G 合金							
		T 钛							
		E 其他							

3. 电容器的主要性能参数

（1）标称容量和精度。

标在电容器外表上的电容量数值为标称容量，一般也采用表 T1-2 中的标称值系列表示电容器的标称容量和精度。电容器的容量单位是法拉（F），常用的单位有微法（μF）、纳法（nF）、皮法（pF）。它们的关系是：

$$1\ F = 10^6\ \mu F = 10^9\ nF = 10^{12}\ pF$$

（2）额定工作电压（耐压值）。

在规定的工作温度范围内，电容器在电路中能长期、连续、可靠地工作。电容器不被击穿时所能承受的最大直流电压值即为电容器的额定工作电压。

（3）绝缘电阻。

绝缘电阻是指加到电容器上的直流电压与漏电流之比，也称漏电阻。其值越大，漏电流越小，电容器的性能就越好，常用电容器的绝缘电阻一般应在 1 MΩ 以上，电解电容器的绝缘电阻比较小，常用漏电流（单位是 μA 或 mA）的大小来衡量其性能的好坏。

4. 电容器的标注方法

（1）直标法。对于容量和体积较大的电容器，一般将主要参数直接标在电容器上。当不标容量单位时，用小数表示 μF，用整数表示 pF。例如，0.22 表示 0.22 μF，470 表示 470 pF。其中的数字表示有效数值。

（2）数码表示法。对于体积较小的电容器一般用三位数字表示容量的大小，前两位数字为电容器标称容量的有效数字，第三位表示有效数字后面零的个数，但若该位数字为"9"时，则表示有效数字乘上 10^{-1}，单位均为 pF。例如，100 表示 10 pF；101 表示 100 pF；331 表示 330 pF；335 表示 33×10^5 pF，即 3.3 μF；339 表示 33×10^{-1} pF，即 3.3 pF。

5. 电容器的选用和检测

（1）根据电容在电路中的功能选择电容器类型，例如：隔直、耦合可选用纸介、涤纶、电解等电容器；在高频电子电路中，应选用云母、高频瓷介等电容器；在高压电路中，宜选用高压瓷介、穿心等电容器。

（2）电容器的容量和精度应按标称值系列选取。若需要的容量不在标称值系列中，可用接近值或通过两个电容的串、并联来代替。精度应根据该电容在电路中的作用来选择。应注意不同类型的电容器，其标称值系列的分布规律是不相同的。

（3）选用的电容器的耐压值应是实际工作电压的两倍。

（4）可变电容器的选择。图 T1-8 是常见的可变电容器外形图。小型可变电容器常用于振荡、混频、调频等需要调节频率的电路；对于单波段或多波段收音机，选用等容量双连电容器；对于中波段收音机，选用差容量双连电容器；在调频、调幅收音机中，宜选用四连电容器。

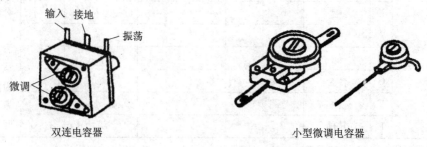

图 T1-8　可变电容器外形图

6. 电容器的检测方法

电容器在使用之前必须进行检测，其方法是：

（1）外观检测。固定电容器的外表应标志清晰，外形完整无损，表面无裂口、污垢和腐蚀，引线不松动等。可调电容器应转动灵活、动定片间无碰片现象等。

（2）用万用表检测漏电电阻、电解电容的极性。

① 测试电容器的漏电电阻。用指针式万用表"R×10 k"或"R×1 k"的电阻挡，将两表棒分别接触电容器的两引线，正常情况下，表头指针先向 R 为零的方向摆动，然后向 R→∞方向退回，这就是电容器充、放电现象（对 0.1 μF 以下的电容观察不到此现象）。指针稳定后所指示的值就是漏电电阻。一般电容器（除电解电容器外）的漏电电阻很大，为几百兆欧至几千兆欧。检测时，如果表头指针指到或靠近电阻零点，此时电容器内部短路；若指针不动，始终指向 R＝∞处，则电容器内部断路或失效。

② 检测电解电容器的极性。电解电容器的正负极性是不能接错的，当极性标记无法辨认时，可根据电解电容器正向连接时的漏电电阻大，反向连接时的漏电电阻小的特点来检测判断，交换表棒前后两次测量漏电电阻，测量值大的一次时，黑表棒接触的就是正极。

三、电感器

凡能产生电感作用的器件统称电感器，通常由漆包线、丝包线、镀银线等导线绕制而成，因此又称电感线圈或线圈。它的应用范围很广泛，在电路中起调谐、耦合、匹配、滤波等作用，也是电子产品中不可缺少的元件之一。

电感器的种类繁多，它在电路图中以符号 L 表示，其图形符号如图 T1-9 所示，常用电感器的外形图如图 T1-10 所示。

空芯电感器　　磁芯电感器　　磁芯可调电感器　　铁芯电感器　　铜芯可调电感器

图 T1-9　电感器的图形符号

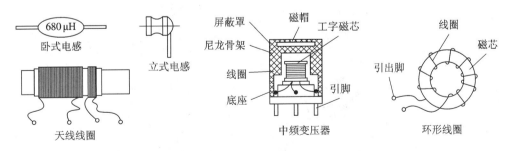

图 T1-10　电感器外形图

选用电感器时，应明确其使用的频率范围和适用的电压范围。铁芯线圈只能用于低频电路中，一般铁氧体、空芯线圈等用于高频电路中。

使用电感器前，常用万用表的"欧姆挡"测量其电阻，并与已确定阻值的同一规格电感相比较，若阻值太大，电感器则可能断线，甚至完全断路；若阻值很小，电感器则是严重短路。对有多个绕组的线圈，应检测绕组之间是否短路；对有金属屏蔽罩的线圈，还应检测线圈与屏蔽罩之间是否短路。

四、半导体分立器件

半导体分立器件的品种、规格繁多，最常用的是二极管、双极型三极管和场效应管，它们的命名法、性能参数、功能等在教材中己有介绍。下面只对器件应用中要注意的一些问题再进行简单介绍。

1. 二极管

二极管的图形符号及常见封装分别如图 T1 - 11(a)、(b)所示。

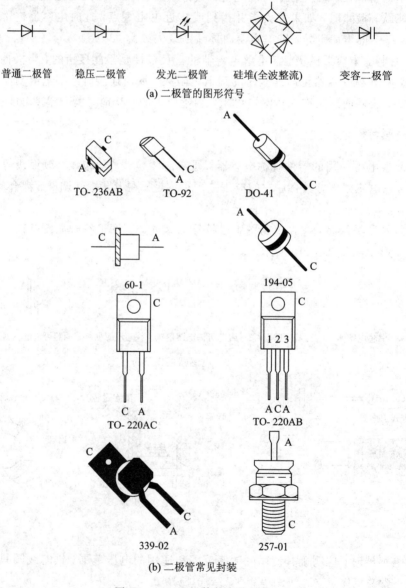

(a) 二极管的图形符号

(b) 二极管常见封装

图 T1 - 11　二极管的常见封装

二极管种类繁多，应根据电路的具体要求，参阅晶体管手册，按前述的方法综合考虑选用合适的二极管。

在使用二极管时，必须注意不能接错其极性，否则电路不能正常工作，甚至会烧毁其他元器件。一般可根据管壳外面的记号确定极性，也可根据型号和结构形式辨认。无法确定时，常用万用表来判别极性，并检测该二极管的性能是否符合要求，具体测试方法参见项目一。

2. 晶体三极管

图 T1-12 是晶体三极管的图形符号及几种常见三极管的外形图。

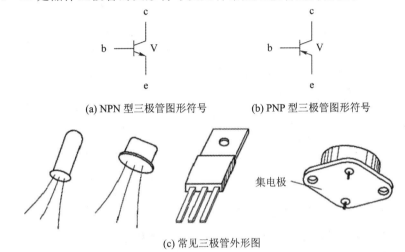

(a) NPN 型三极管图形符号　　　(b) PNP 型三极管图形符号

(c) 常见三极管外形图

图 T1-12　三极管的图形符号及常见外形图

三极管种类繁多，选用晶体三极管时一定要满足设备和电路的要求。根据用途的不同，一般应考虑频率、集电极电流、反向击穿电压、耗散功率、电流放大倍数等参数，主要有：

(1) 选择管子的特征频率 f_T 大于 3～10 倍的电路工作频率；

(2) 选择管子的电流放大倍数 $\beta=40\sim100$；

(3) 选择管子的反向击穿电压 U_{CEO} 大于电源电压；

(4) 选择管子的耗散功率 P_{CM} 大于 2～4 倍电路的输出功率。

使用晶体管三极管以前，常用万用表检测三极管的各极及电流放大倍数，其方法是：

(1) 判别三极管各极。将万用表置于 $R\times1$ k 挡，用黑表棒接触三极管的某一管脚，再用红表棒分别接另外两管脚，如果表头指示的阻值两次都很小(或都很大)，然后将表棒换一下，重复上述测试，测得的阻值两次都很大(或都很小)，则某管脚必定是基极，且可知该三极管是 NPN 管(或 PNP 管)。

将两表棒分别接除基极之外的两管脚，若是 NPN 管，用 100 kΩ 电阻接在基极与黑表棒之间，可测得一电阻值，然后将两表棒对换，同样可测得一电阻值，在两次测量中，阻值小的一次黑表棒对应的是集电极。对于 PNP 管集电极的确定，其原理同 NPN 管，不同的是用 100 kΩ 电阻接在基极与红表棒之间，在两次测量中，阻值小的一次红表棒对应的是集电极。

(2) 电流放大倍数 β 的估测。将万用表置于 $R\times1$ k 挡，黑、红表棒分别与 NPN 管的集电极、发射极相接，测量它们之间的电阻值，此时用 100 kΩ 电阻接于基极与集电极之间，表头指示将会右偏（阻值减小），右偏角度越大，说明该管的电流放大倍数 β 越大。若表头指示右偏角度很小，则表示该管的电流放大倍数 β 很小，甚至是劣质管。

3. 场效应管

场效应管的类型很多，按结构可分为结型场效应管（JFET）和绝缘栅场效应管（MOS）；按导电沟道可分为 N 沟道和 P 沟道；按工作方式可分为耗尽型和增强型。场效应管的外型与一般小功率晶体管相同，在电路图中的符号如图 T1-13 所示。

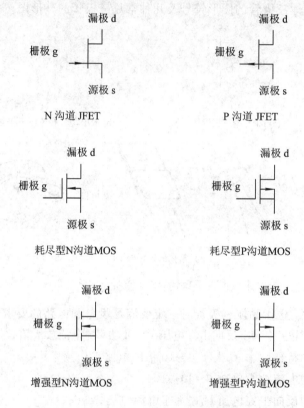

图 T1-13　场效应管的符号

结型场效应管的检测方法与晶体三极管相似，而绝缘栅场效应管一般不能用万用表检测，但不少 MOS 管的 g、s 和 d、s 之间装有保护二极管，则此时也可用万用表判断管脚。

场效应管在使用时，除了需要注意不要超过额定的漏源电压、栅源电压、耗散功率和最大电流之外，对于绝缘栅场效应管，还需注意感应电压过高可能造成的击穿问题，因此保存时外面应包锡纸，或存放在金属盒内；焊接时电烙铁壳必须良好接地，或断电焊接。

4. 半导体集成电路

在模拟电路和数字电路中，集成电路的应用越来越广泛。集成电路按功能可分为模拟集成电路、数字集成电路和其他专用集成电路。常见的电路符号和外形图如图 T1-14 和图 T1-15 所示。

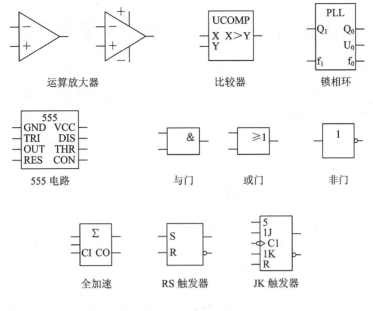

图 T1-14　集成电路符号

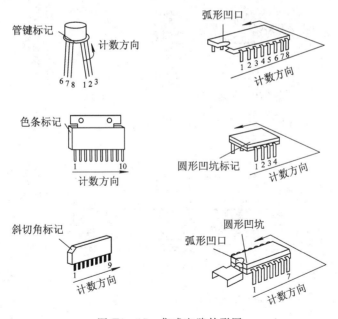

图 T1-15　集成电路外形图

由于集成电路的类别和型号繁多,其功能和参数一般不易简单识别与检测,在使用时应查阅相关资料,对该集成电路的功能、内部结构、电特性、外形封装以及与该集成电路相连接的电路作全面分析和理解,使用时各项电性能参数不得超出该集成电路所允许的最大使用范围。

拓展知识 2：常用电子测量仪器的使用

在模拟电路的测试中，经常使用的电子仪器有示波器、函数信号发生器、直流稳压电源、交流毫伏表等。它们和万用表（或直流电压表）一起，可以完成对模拟电路的静态和动态工作情况的测试。下面分别以 TFG1005DDS 函数信号发生器、YB2173F 数字交流毫伏表和 MOS - 620B 双踪示波器为例，介绍函数信号发生器、交流毫伏表和示波器的基本功能和使用方法。

一、TFG1005DDS 函数信号发生器

1. TFG1005DDS 函数信号发生器外形结构介绍

TFG1005DDS 函数信号发生器是一种采用直接数字合成技术（DDS）的新型信号电源，它能提供电子电路测试中所需要的多种电压信号。该信号发生器外观和前面板功能示意图分别如图 T2 - 1、图 T2 - 2 所示。

图 T2 - 1　TFG1005DDS 函数信号发生器外观图

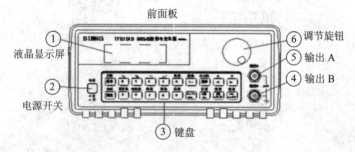

图 T2 - 2　TFG1005DDS 函数信号发生器前面板功能示意图

2. 基本技术特性

TFG1005DDS 函数信号发生器具有优异的技术指标和强大的功能特性，下面介绍其基本技术特性。

（1）频率精度高：频率精度可达到 10^{-5} 数量级。

（2）频率分辨率高：全范围频率分辨率 40 mHz。

（3）无量程限制：全范围频率不分挡，可直接数字设置。

（4）无过渡过程：频率切换时瞬间达到稳定值，信号相位和幅度连续无畸变。

（5）波形精度高：输出波形由函数计算值合成，波形精度高、失真小。

（6）多种波形：可以输出 32 种波形。

（7）输出特性：两路独立输出。

（8）扫描特性：具有频率扫描和幅度扫描功能，扫描起止点可任意设置。

（9）调制特性：可以输出多种调制信号 AM，FM，FSK，ASK，PSK。

（10）计算功能：可以选用频率或周期，幅度、有效值或峰峰值。

（11）操作方式：全部按键操作，中文菜单显示，直接数字设置或旋钮连续调节。

（12）功率放大：配置有功率放大器，输出功率可以达到 7 W。

除上面介绍的基本技术特性外，TFG1005DDS 函数信号发生器还有一些其他技术特性，需要时可查阅仪器使用说明书。

3. 基本使用方法

（1）显示屏显示说明。

显示屏上面一行为功能和选项显示，左边两个汉字显示当前功能，在"A 路单频"和"B 路单频"功能时显示输出波形。右边四个汉字显示当前选项，在每种功能下各有不同的选项，如表 T2-1 所示。表中带阴影的选项为常用选项，可使用面板上的快捷键直接选择，仪器能够自动进入该选项所在的功能。不带阴影的选项较不常用，需要首先选择相应的功能模式，然后使用【菜单】键循环选择参数选项。显示屏下面一行显示当前选项的参数值。

表 T2-1　功能选项表

功　能	A 路单频正弦	B 路单频正弦	频率扫描	幅度扫描	频率调制	幅度调制
选　项	A 路频率	B 路频率	始点频率	始点幅度	载波频率	载波频率
	A 路周期	B 路幅度	终点频率	终点幅度	载波幅度	载波幅度
	A 路幅度	B 路波形	步进频率	步进幅度	调制频率	调制频率
	A 路波形	B 占空比	扫描方式	扫描方式	调频频偏	调幅深度
	A 占空比	B 路谐波	间隔时间	间隔时间	调制波形	调制波形
	A 路衰减	B 路相移	—	—	—	—
	A 路偏移	—	—	—	—	—
	步进频率	—	—	—	—	—
	步进幅度	—	—	—	—	—

（2）键盘使用说明。

仪器前面板上共有 20 个按键（参见图 T2-2），键体上的黑色字表示该键的基本功能，直接按键执行基本功能。键上方的蓝色字表示该键的上挡功能，首先按【Shift】键，屏幕右下方显示"S"，再按某一键可执行该键的上挡功能。键体上的黄色字表示该键可执行的扫描或调制模式等功能，使用时先按某一键选择该键对应的的功能，然后按【菜单】键即可进入相应的扫描或调制模式，再反复按【菜单】键可以循环显示及调节扫描或调制参数。现将按键的基本功能介绍如下，按键的上挡功能和扫描调制功能，可参阅仪器技术说明书。

【频率】【幅度】键：频率和幅度选择键。

【0】【1】【2】【3】【4】【5】【6】【7】【8】【9】键：数字输入键。

【. /一】键：在数字输入之后输入小数点，"偏移"功能时输入负号。

【MHz】【kHz】【Hz】【mHz】键：双功能键，在数字输入之后执行单位键功能，同时作为数字输入的结束键。不输入数字，直接按【MHz】键执行"Shift"功能，直接按【kHz】键执行"A路"功能，直接按【Hz】键执行"B路"功能。直接按【mHz】键可以循环开启或关闭按键时的提示声响。

【菜单】键：用于选择项目表中不带阴影的选项。

【<】【>】键：光标左、右移动键。

4. 基本操作

下面以 A 路参数设定为例说明该仪器的基本操作方法，B 路参数设定及较复杂的使用方法，可以参阅仪器技术说明书。

按【A 路】键，选择"A 路单频"功能。

A 路频率设定。设定频率值 3.5 kHz，则进行如下操作【频率】【3】【.】【5】【kHz】。

A 路频率调节。按【<】或【>】键可移动数据上边的三角形光标指示位，左右转动旋钮可使指示位的数字增大或减小，并能连续进位或借位，由此可任意粗调或细调频率。其他选项数据也都可用旋钮调节。

A 路周期设定。设定周期值 25 ms，则进行如下操作【Shift】【周期】【2】【5】【ms】。

A 路幅度设定。设定幅度值为 3.2 V，则进行如下操作【幅度】【3】【.】【2】【V】。

A 路幅度格式选择。有效值或峰峰值的设定，则进行如下操作【Shift】【有效值】或【Shift】【峰峰值】。

A 路波形选择。正弦波或方波的设定，则进行如下操作【Shift】【0】，【Shift】【1】。

A 路占空比设定。设定方波，占空比 65%，则进行如下操作【Shift】【占空比】【6】【5】【Hz】。

A 路衰减设定。选择固定衰减 0 dB（开机或复位后选择自动衰减 AUTO），则进行如下操作【Shift】【衰减】【0】【Hz】。

A 路偏移设定。在衰减选择 0 dB 时，设定直流偏移值为 −1 V，则进行如下操作【Shift】【偏移】【−】【1】【V】。

A 路频率步进。设定 A 路步进频率 12.5 Hz，按【菜单】键选择"步进频率"，再按【1】【2】【.】【5】【Hz】，然后每按一次【Shift】【∧】，A 路频率增加 12.5 Hz，每按一次【Shift】【∨】，A 路频率减少 12.5 Hz。

二、YB2173F 智能数字交流毫伏表

1. 选用交流毫伏表的考虑因素

交流毫伏表是电子测量技术中的基本仪器之一，主要用来测量电路中交流信号的电压。选用交流毫伏表主要考虑以下技术特性：

（1）频率范围。与所有电子仪器一样，每种电压表也各有一定的工作频段。

（2）灵敏度。电子电压表的电压测量范围一般可从毫伏级到数百伏。高灵敏度的数字式电压表的灵敏度可高达 10^{-9} V。

(3) 输入阻抗。为使电压表对被测电路的工作状态影响尽量小，要求电压表的输入阻抗较之被测电路的阻抗尽可能高。

虽然万用表也可测量交流电压，但它的灵敏度不高于 0.1 V，频率响应在 3 kHz 以下，电表内阻仅为几十千欧到数百千欧，不能满足电子电路测试的要求，所以在电子电路的测量中必须使用交流毫伏表。

2．YB2173F 双路智能数字交流毫伏表外形结构

YB2173F 双路智能数字交流毫伏表前、后面板分别如图 T2 - 3、图 T2 - 4 所示。

图 T2 - 3　YB2173F 双路智能数字交流毫伏表前面板图

图 T2 - 4　YB2173F 双路智能数字交流毫伏表后面板图

3．YB2173F 双路智能数字交流毫伏表的功能特点

(1) 仪器由单片机智能化控制和数据处理，实现量程自动转换。

(2) 可测正弦波、方波、三角波、脉冲等不规则的任意信号幅度。

(3) 具有双通道、双数显和开关切换显示有效值和分贝值功能。

(4) 具有共地/浮置功能。

(5) 仪器采用了屏蔽隔离工艺，提高了线性和小信号测量精度。

(6) 测量精度高，频率特性好。

4．YB2173F 双路智能数字交流毫伏表的主要技术指标

(1) 电压测量范围为 300 μV～300 V，－70 dB～＋50 dB。

(2) 基准条件下电压的固有误差(以 1 kHz 为准)为±1.5%±3 个字。

(3) 测量电压的频率范围为 10 Hz～2 MHz。

(4) 基准条件下频率影响误差(以 1 kHz 为准)为

50 Hz～80 kHz：±4%±8 个字；

20 Hz～50 Hz，80 kHz～500 kHz：±6%±10 个字；

10 Hz～20 Hz，500 kHz～2 MHz：±15％±15 个字。

注意，1 mV 以下信号指标考核到 1 MHz。

（5）分辨力为 10 μV。

（6）输入阻抗为输入电阻≥1 MΩ，输入电容≤40 pF。

（7）双通道隔离度为 100 dB。

（8）最大输入电压为 500 V。

（9）输出电压为 1 Vrms±5％(以 1 kHz 为准，输入信号为 5.5×10 nV($-4 \leqslant n \leqslant 1$，n 为整数)±2 个字输入时)。

（10）噪声为输入短路≤15 个字。

（11）电源电压为交流电压 220 V±10％，频率 50 Hz±4％。

注意事项：输入电压不可高于规定的最大输入电压。

5. YB2173F 双路智能数字交流毫伏表前后面板各控制键作用说明

（1）前面板。

① 电源开关：电源开关弹出时为"OFF"状态，按入此开关为"ON"状态。

② 通道 1(CH1)电压/分贝显示窗口：显示 LCD 数字窗口显示通道 1(CH1)输入信号的电压值或分贝值。

③ 通道 1(CH1)输入插座：通道 1 的输入信号由此端口输入。

④ 通道 1(CH1)V/dB 转换开关：此开关弹出时，CH1 的 LCD 数字窗口显示该通道的电压有效值；按入此开关则显示被测信号的分贝值。

⑤ 通道 2(CH2)V/dB 转换开关：此开关弹出时，CH2 的 LCD 数字窗口显示该通道的电压有效值；按入此开关则显示被测信号的分贝值。

⑥ 通道 2(CH2)输入插座：通道 2 的输入信号由此端口输入。

⑦ 通道 2(CH2)电压/分贝显示窗口：LCD 数字窗口显示通道 2(CH2)输入信号的电压值或分贝值。

（2）后面板。

① 共地/浮置操作开关：当此开关拨向下方时，CH1 和 CH2 共地；当开关拨向上方时，CH1 和 CH2 不共地，为浮置状态。

② 通道 1(CH1)：输出端口(通道 1)的输出信号由此端口输出。

③ 通道 2(CH2)：输出端口(通道 2)的输出信号由此端口输出。

④ 电源插座：交流电源 220 V 输入插座。

三、MOS620B 型双踪示波器

1. MOS620B 型示波器简述

MOS620B 型示波器为便携式双通道示波器。本机垂直系统具有 0～20 MHz 的频带宽度和 5 mV/div～5 V/div 的偏转灵敏度。若配以 10∶1 探极，则灵敏度可达 5 V/div。本机在全频带范围内可获得稳定激发，触发方式设有自动、常态及电视场、行扫描，内触发设置了交替触发，可以稳定地显示两个频率、相位不相关的信号。尤其是具有无须触发调整的触发电平锁定功能，省略了复杂的触发调整过程，无论是在显示规则信号或是占空比大的信号，均能自动同步。本机水平系统具有 0.2 μs/div～0.5 s/div 的扫描速度，并设有扩展×10功能，可将最快扫速度提高到 20 ns/div。

2. 面板控制件介绍

MOS620B 示波器外形及面板控件位置如图 T2-5、图 T2-6 所示，各控制件名称及功能如附表 T2-2 所示。

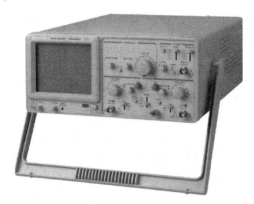

图 T2-5 MOS620B 示波器外形

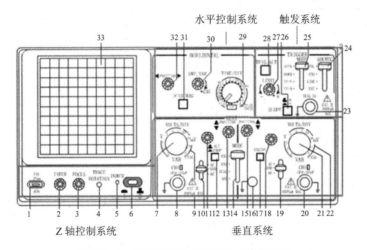

图 T2-6 MOS620B 示波器面板控件位置

表 T2-2　MOS620B 示波器面板控件名称及功能

序号	控制件名称	功　　能
(1)	校正信号(CAL)	提供幅度为 2 V、频率为 1 kHz 的方波信号，用于校正探极和检测示波器垂直与水平的偏转因数
(2)	亮度(INTEN)	调节光迹亮度
(3)	聚焦(FOCUS)	调节光迹的清晰度
(4)	迹线旋转	调节光迹与水平刻度线平行
(5)	电源指示(POWER)	电源接通时，灯亮
(6)	电源开关	电源接通或关闭

序号	控制件名称	功　能
(7)、(21)	垂直衰减器 (VOLTS/DIV)	调节垂直偏转灵敏度
(8)	输入插座 CH1(X)	CH1 的垂直输入端、在 X—Y 模式下，为 X 轴的信号输入端
(9)、(22)	垂直衰减器刻度	用于读取垂直衰减器数值
(10)、(19)	输入耦合方式 (AC-GND-DC)	AC：垂直输入信号电容耦合，隔断直流或极低频信号输入 GND：隔断信号输入，并将垂直衰减器输入端接地，使之产生一个零电压参考信号 DC：垂直输入信号直流耦合，AC 与 DC 信号一齐输入放大器
(11)、(18)	垂直衰减器微调	用于连续调节垂直偏转灵敏度，在 CAL 位置时，灵敏度即为垂直衰减器挡位指示值 当此旋钮拉出时（×5 MAG 状态），垂直放大器灵敏度增加 5 倍
(12)	交替/断续 (ALT/CHOP)	ALT：两个通道交替显示，用于扫速较快时的双踪显示 CHOP：两个通道断续显示，用于扫速较慢时的双踪显示
(13)、(15)	垂直位移(POSITION)	轨迹及光点的垂直位置调整
(14)	垂直方式(MOOD)	CH1：通道 1 单独显示；CH2：通道 2 单独显示；DUAL：双踪显示；ADD：两个通道的代数和或差
(16)	接地	与机壳相联的接地端
(17)	极性(CH2 INV)	按下此键，CH2 的信号反相
(20)	输入插座(CH2(Y))	CH2 的垂直输入端，在 X—Y 模式下，为 Y 轴的信号输入端
(23)	外触发输入 (EXT TRIG. IN)	外触发输入插座
(24)	触发源选择(SOURCE)	用于选择触发源分别为 CH1、CH2、LINE 或 EXT
(25)	触发模式 (TRIGGER MODE)	自动(AUTO)：当没有触发信号时，扫描会自动产生，屏幕上显示水平时基线 常态(NORM)：当无触发信号时，扫描将处于预备状态，屏幕上不会显示任何轨迹 电视场(TV-V)：用于显示电视场信号 电视行(TV-H)：用于显示电视行信号
(26)	触发极性(SLOPE)	用于选择信号上升或下降沿触发扫描
(27)	电平(LEVEL)	调节被测信号在某一电平触发扫描，一般处于锁定(LOCK)位置
(28)	触发源交替设定 (TRIG. ALT)	当垂直方式(14)在双踪位置且交替/断续选择(12)置于 ALT 位置时，按下此键，即会自动以 CH1 与 CH2 的输入信号为交替方式轮流作为内部触发信号源
(29)	扫描速率及刻度 (TIME/DIV)	用于选择扫描速度及读取扫描因数数值

序号	控制件名称	功　能
(30)	扫速微调(SWP. VAR)	用于连续调节扫描速度，顺时针旋至校正位置(CAL)时，扫描速度即为扫描速率开关挡位指示值
(31)	水平放大(×10 MAG)	按下此键，扫描速度可被扩展 10 倍
(32)	水平移位(POSITION)	调节迹线或波形在屏幕上的水平位置

3. 操作方法

(1) 检查电源。

MOS620B 型示波器电源电压为 220 V，如果不符合，则严格禁止使用。

(2) 面板一般功能检查。

① 将有关控制件按表 T2－3 所示置位。

表 T2－3　开机前示波器面板各个控制件位置

控制件名称	作用位置	控制件名称	作用位置
亮度	居中	扫描速率	0.5 ms/div
聚焦	居中	触发方式	自动
位移	居中	触发极性	＋
垂直方式	CH1	触发源	CH1
垂直衰减器	0.5 V/div	电平	锁定位置
微调	校正位置	输入耦合	AC

② 接通电源，电源指示灯亮，稍预热后，屏幕上出现扫描光迹，分别调节亮度、聚焦、垂直、水平移位等控制件，使荧光屏中央显示一条亮度适中、波形清晰的水平线。

③ 用 10∶1 探极或同轴连接线将校准信号输入至 CH1 输入插座。

④ 调节示波器有关控制件，使荧光屏上显示稳定且易观察的方波波形。

⑤ 将探极换至 CH2 输入插座，垂直方式置于"CH2"，内触发源置于"CH2"，重复④操作。

(3) 垂直系统的操作。

① 垂直方式的选择。当只需观察一路信号时，将垂直方式开关置于"CH1"或"CH2"，此时被选中的通道有效，被测信号从选中的通道端口输入。当需要同时观察两路信号时，垂直方式开关置"DUAL"，该方式使两个通道的信号被交替显示。当扫速低于一定频率时，交替方式显示会出现闪烁，此时应将 ALT/CHOP 开关按下置于"断续"位置。当需要观察两路信号的代数和时，将垂直方式开关置于"ADD"位置，在选择这种方式时，两个通道的衰减设置必须一致；CH2 极性处于常态时为 CH1＋CH2，CH2 极性按下时为 CH1－CH2。

② 输入耦合方式的选择。直流(DC)耦合适用于观察包含直流成份的被测信号，如信号

的逻辑电平和静态信号的直流电平，当被测信号的频率很低时，也必须采用这种方式；交流（AC）耦合时信号中的直流分量被隔断，用于观察信号的交流分量，如较高直流电平上的小信号；接地（GND）则通道输入端接地（输入信号断开），用于确定输入为零时光迹所处位置。

③ 垂直衰减器（VOLTS/DIV）的设定。

按被测信号幅值的大小选择合适挡级，一般以波形在垂直方向显示 4～6 格为宜。当垂直衰减器微调旋钮按顺时针方向旋足至校正位置时，可根据垂直衰减器旋钮的指示值和波形在垂直轴方向上的格数（D）读出被测信号幅值。

（4）触发源（SOURCE）选择。

当触发源开关分别在"CH1"或"CH2"位置时，分别以"CH1"、"CH2"输入的信号作为触发信号，当触发源开关置于"LINE"位置时，由机内 50Hz 交流信号作为触发信号。当触发源开关置于"EXT"位置时，由面板上外触发输入插座输入触发信号。

（5）水平系统的操作。

① 扫描速度选择（TIME/DIV）的设定。按被测信号频率高低选择合适挡级，一般以波形在水平方向显示 2～4 个完整周期为宜。当扫描微调旋钮按顺时针方向旋足至校正位置时，可根据扫描速度选择旋钮的指示值和波形在水平轴方向上的格数读出被测信号的时间参数。当需要观察波形水平方向某一个细节时，可进行水平扩展×10 设置，此时原波形在水平轴方向上被扩展 10 倍。

② 触发方式的选择。自动（AUTO）方式是无信号输入时，扫描处于自激方式，屏幕上有光迹显示，一旦有信号输入时，电路自动转换到触发扫描状态，显示稳定的波形，这是最常用的扫描方式；常态（NORM）方式是无信号输入时，扫描处于准备状态，屏幕上无光迹显示；有信号输入时，电路被触发扫描。当被测信号频率低于 50 Hz 时，必须选择这种方式；电视场（TV-V）方式用于显示电视场信号；电视行（TV-V）方式用于显示电视行信号。

③ 极性（SLOPE）的选择。用于选择被测试信号的上升沿或下降沿去触发扫描，一般置于"＋"。

④ 电平（LEVEL）的位置。用于调节被测信号在某一合适的电平上启动扫描，一般置于锁定"LOCK"。

4. 测量信号电参数

（1）电压的测量。

示波器的电压测量实际上是对所显示波形的幅度进行测量，测量时应使被测波形稳定地显示在荧光屏中央，幅度一般为 4～6 格。

① 直流电压的测量。

a. 设置面板控制件，使屏幕显示扫描基线。

b. 设置被选用通道的输入耦合方式为"GND"。

c. 调节垂直移位，将扫描基线调至合适位置，作为零电平基准线。

d. 将"垂直衰减器微调"族钮置校准位置，输入耦合方式置"DC"，被测电压由相应 Y 输入端输入，这时扫描基线将偏移，读出扫描基线在垂直方向偏移的格数（D），则被测电压 U＝垂直方向偏移格数（D）×垂直偏转因数（VOLTS/DIV）×偏转方向（＋或－），基线向上偏移取正号，基线向下偏移取负号。

② 交流电压的测量。

a. 将信号输入至 CH1 或 CH2 插座，将垂直方式置于被选用的通道。

b. 将 Y 轴"垂直衰减器微调"旋钮置校准位置，调整示波器有关控制件，使荧光屏上显示稳定、易观察的波形，如图 T2-7 所示，则交流电压幅值

$$V_{P-P}＝垂直方向格数(D)×垂直偏转因数(VOLTS/DIV)$$

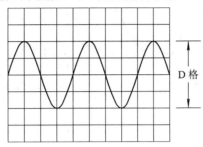

图 T2-7　测量峰—峰值电压

（2）时间的测量。

时间测量是指对脉冲波形的宽度、周期、边沿时间及两个信号波形间的间隔（相位差）等参数的测量。一般要求被测部分在荧光屏 X 轴方向应占 4~6 格。

① 时间间隔的测量。

对于一个波形中两点间的时间间隔的测量，测量时先将"扫描微调"旋钮置校准位置，调整示波器有关控制件，使荧光屏上波形在 X 轴方向大小适中，读出波形中需测量两点间水平方向格数，如图 T2-8 所示，则时间间隔＝两点之间水平方向格数(D)×扫描时间因数(TIME/DIV)。

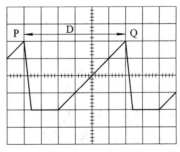

图 T2-8　测量时间

② 脉冲边沿时间的测量。

脉中上升（或下降）时间的测量方法和时间间隔的测量方法一样，只不过是测量被测波形满幅度的 10% 和 90% 两点之间的水平方向距离，如图 T2-9 所示。

用示波器观察脉冲波形的上升边沿、下降边沿时，必须合理选择示波器的触发极性（用触发极性开关控制）。显示波形的上升边沿用"＋"极性触发，显示波形下降边沿用"－"极性触发。如果波形的上升沿或下降沿较快则可将水平扩展×10，使波形在水平方向上扩展 10 倍，则上升（或下降）时间＝水平方向格数(D)×扫描时间因数(TIME/DIV)/水平扩展倍数。

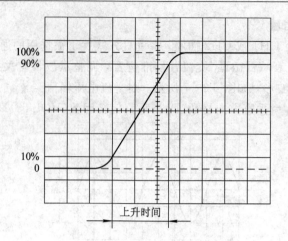

图 T2-9 测量脉冲波的上升时间

（3）相位差的测量。

① 将参考信号和一个待比较信号分别输入"CH1"和"CH2"输入插座。

② 垂直方式置于双踪"DUAL"，并根据信号频率选择"交替"或"断续"。

③ 设置触发源至参考信号那个通道。

④ 将 CH1 和 CH2 输入耦合方式置"GND"，调节 CH1、CH2 垂直位移旋钮，使两条扫描基线重合。

⑤ 将 CH1、CH2 耦合方式开关置"AC"，调整有关控制件，使荧光屏显示的波形大小适中、便于观察两路信号，如图 T2-10 所示。读出两个波形水平方向差距格数（D）及信号周期所占格数（T），则相位差 $\Delta\varphi = (D/T) \cdot 360°$。

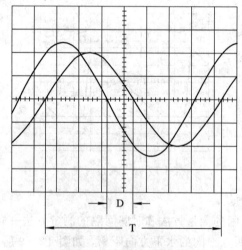

图 T2-10 测量相位差

参 考 文 献

[1] 康华光,等.电子技术基础模拟部分[M].4 版.北京:高等教育出版社,1999

[2] 沈尚贤.电子技术导论[M].北京:高等教育出版社,1985

[3] 谢嘉奎.电子线路[M].4 版.北京:高等教育出版社,1999

[4] 汪惠,王志华.电子电路的计算机辅助分析与设计方法[M].北京:清华大学出版
      社,1996

[5] 陈大钦,等.模拟电子技术基础[M].北京:高等教育出版社,2000

[6] 杨素行.模拟电子电路[M].北京:中央广播电视大学出版社,1994

[7] 杨素行.模拟电子技术简明教程[M].2 版.北京:高等教育出版社,1998

[8] 童诗白.模拟电子技术基础[M].2 版.北京:高等教育出版社,1988

[9] 童诗白.模拟电子技术基础(上下册)[M].北京:人民教育出版社,1983

[10] 华成英.模拟电子技术基础[M].3 版.北京:高等教育出版社,2001